普通高等教育“十三五”规划教材

数控机床与加工仿真实训

赵连花　谢宝玲　主编

中国石化出版社

内容提要

本书是在高等院校转型发展的前提下，为适应应用型本科教学而编写。内容包括：FA-40M加工中心、CK7136数控车床和CJK6136数控车床的拆装实训，激光干涉仪的应用和数控机床精度检测；FA-40M加工中心、CK7136数控斜床和CJK6136数控车床的编程加工实训。数控系统包括FANUC系统、华中数控系统、广州数控系统和西门子数控系统。

本书可作为应用型本科院校机械类专业实训教材，也可供高职机械类专业师生使用，也可作为机械类工程技术人员参考用书以及企业培训教材。

图书在版编目(CIP)数据

数控机床与加工仿真实训 / 赵连花，谢宝玲主编
—北京：中国石化出版社，2016.8（2022.7重印）
普通高等教育"十三五"规划教材
ISBN 978-7-5114-4254-3

Ⅰ.①数… Ⅱ.①赵… ②谢… Ⅲ.①数控机床一加工一计算机仿真一高等学校一教材 Ⅳ.①TG659-39

中国版本图书馆CIP数据核字(2016)第202273号

中国石化出版社出版发行

地址：北京市东城区安定门外大街58号
邮编：100011　电话：(010)57512500
发行部电话：(010)57512575
http://www.sinopec-press.com
E-mail:press@sinopec.com
北京科信印刷有限公司印刷
全国各地新华书店经销

*

787×1092毫米 16开本 9印张 197千字
2016年8月第1版　2022年7月第2次印刷
定价：18.00元

前　言

高等教育要面向社会需求，服务地方经济社会发展，培养应用型、技术技能型人才，增强就业创业能力，突出岗位工作能力的培养。为此教材注重实践能力和创新能力的培养和提高，注重学生专业综合素质的锻炼和培养，从而增强学生为行业企业服务的能力。工程实训则是学生理论与实践相结合的有效途径，既可以提高工程实践能力，将来又能更好地为社会经济发展服务，同时也为发挥学生的才能创造了有利的条件。

《数控机床与加工仿真实训》是根据本专业教学改革及普通本科高校向应用技术型高校转型的需要以及提高本专业学生操作技能和职业素质的培养需要而编写的，是有关数控机床拆装和编程加工的仿真实训教材。本书对厦门创壹软件公司的“数控加工仿真系统”作了全面介绍，突出实用性和可操作性。数控机床是先进的加工制造设备，由于设备昂贵和操作复杂，故不能对实际数控机床进行拆装。对于初学者，也不适宜用实际数控机床来练习编程加工。因此利用仿真软件对数控机床进行拆装和编程加工，无疑是一种非常好的学习方法。在仿真实训完成后，可在实际数控机床上进行编程和加工训练，这样可达到事半功倍的效果。

全书包括两部分内容。第一部分：主要介绍数控机床的类型、典型结构和部件，通过对数控平车、数控斜车和加工中心的主要部件进行拆装，使读者熟悉数控机床的机械结构。第二部分：主要介绍FANUC、华中数控、西门子和广州数控系统的编程要点和加工操作要领，通过对典型实例的学习和训练，使读者能够更好地掌握数控机床的编程和加工操作方法。

参加本书编写的有：沈阳工业大学赵连花（第1章，1.1、1.2）、谢宝玲（第1章，1.3～1.5、第2章2.1）、杨俊哲（第2章，2.2）、温玉石（第2章，2.3）。全书由赵连花统稿并审校。

此外，对出版本书给予大力支持和帮助的专家和老师，在此表示感谢。在编写过程中，参考和引用了相关资料的一些内容，均在书后列出，在此对文献作者表示衷心的感谢。

由于编者的水平和经验有限，书中难免有不妥之处，恳请读者批评指正。

前言

目　录

第1章　数控机床拆装仿真实训

1.1　FA-40M加工中心

FA-40M加工中心仿真包括整机结构、主轴系统、工作台进给装置、刀库装置四部分，如图1.1-1所示。

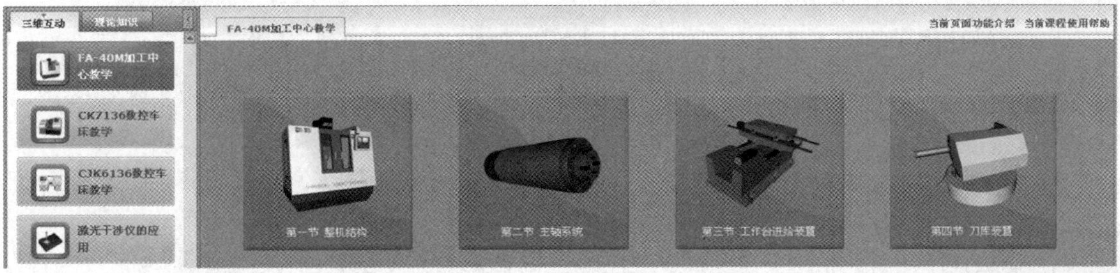

图1.1-1　FA－40M加工中心控制面板

1.1.1　整机结构

整机结构仿真包含“概述”、“结构展示”、“原理演示”、“整机拆卸”、“自动拆卸”、“整机安装”、“自动安装”、“十字滑台原理演示”八部分，如图1.1-2所示。

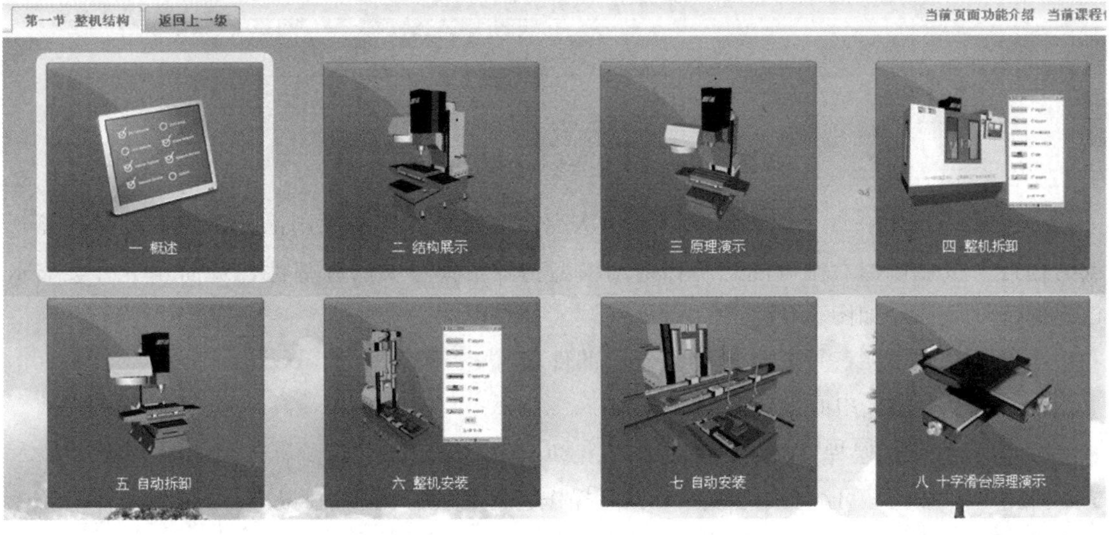

图1.1-2　整机结构控制面板

1. 概述　包括原理介绍、功能介绍两部分，如图 1.1－3 所示。

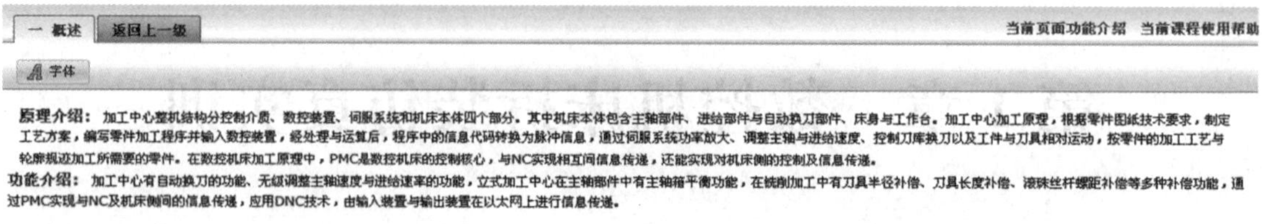

图 1.1－3　原理和功能介绍

2. 结构展示　用鼠标点击“结构展示”，即出现加工中心整机结构展示页面，如图 1.1－4所示。

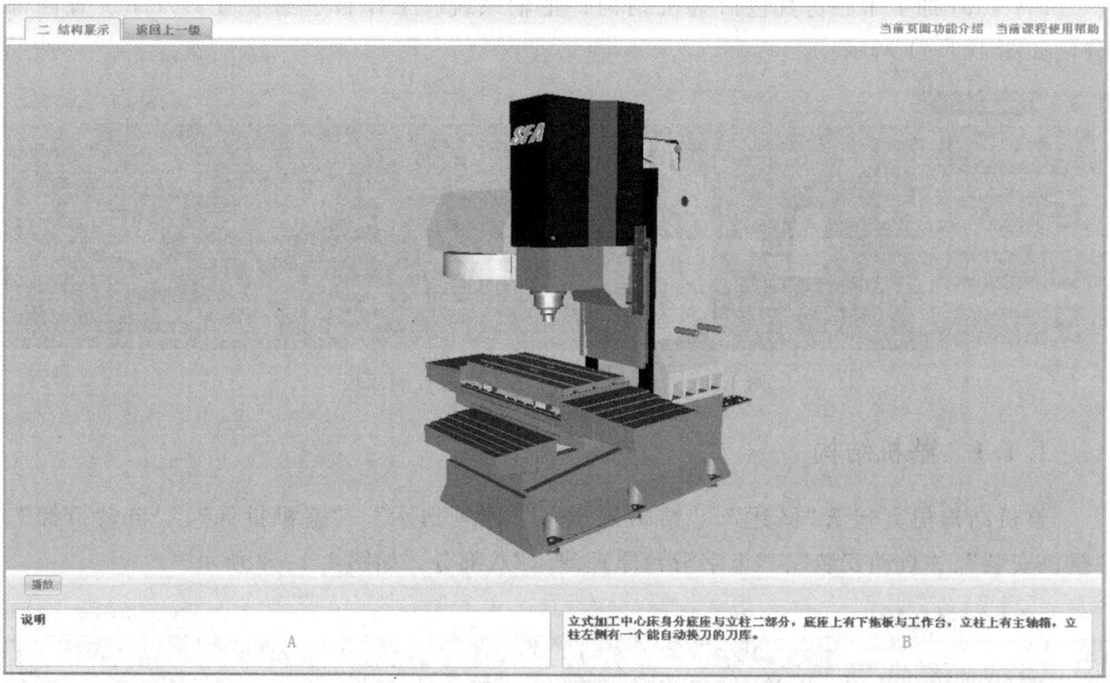

图 1.1－4　结构展示

点击 播放 按钮，模型做爆炸动画，再次点击，模型收拢。使用鼠标滚轮，可以调整视点的远近。按住鼠标右键可随意平移拖动模型。点击模型中的各部件，页面左下方会显示相应的部件名称，如图 1.1－5 所示。

A 区：部件说明。可随鼠标移动显示部件名称。

B 区：立式加工中心整体介绍。

3. 原理演示　原理演示页面如图 1.1－6 所示。

点击 播放 按钮，可触发原理演示动画，操作过程中在演示区按住鼠标右键可随意平移拖动产品，滑动鼠标滚轮可放大或缩小画面，调整视点的远近。操作说明区域显示工作原理说明。

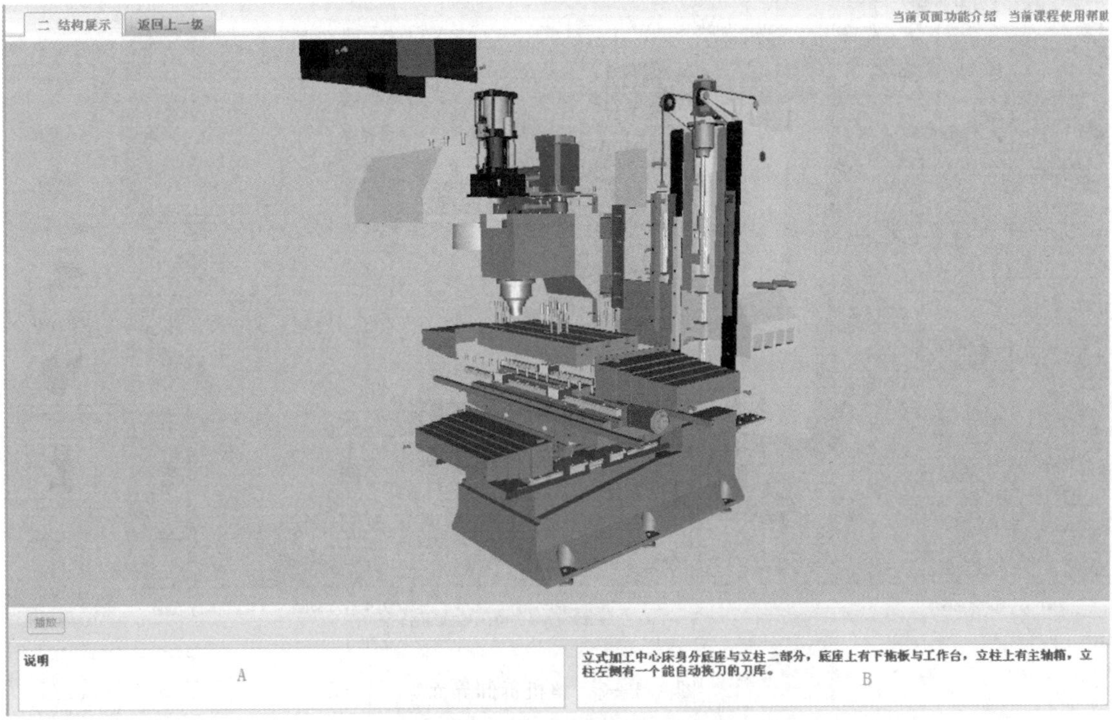

图 1.1-5 立式加工中心爆炸图

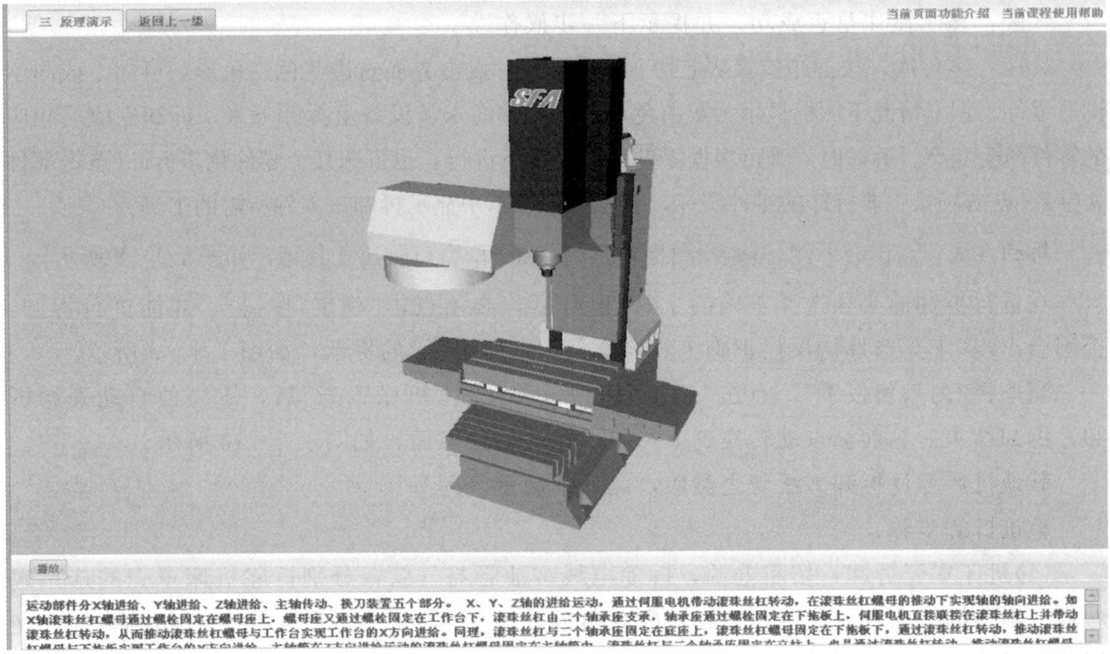

图 1.1-6 原理演示

4. 整机拆卸　点击进入整机拆卸界面，如图 1.1-7 所示。

图 1.1－7　整机拆卸界面

现将界面的区间说明如下：

A 区：显示部件操作方法。

B 区：显示操作是否成功，并提示下一步操作。

C 区：零件库，按拆卸步骤从上到下依次排列，点击界面右边蓝色三角形，可向上或向下浏览零件。正常情况下图标显示为灰白色，表示零件尚未从设备上拆卸下来，拆卸完成后相应的零件图会变亮。拆卸时，既可根据零件图自上而下进行，也可选某个零件跳步拆卸(点击部件文字)。点击场景中要拆卸的零件图标，会在操作提示中显示拆卸该零件所需的工具。

拆卸方法：点击右下侧 选择工具 图标，系统会在 3D 窗口跳出工具箱，如图 1.1－8 所示。

在进行拆卸前必须选择正确的工具(选好后，必须点击“确定”按钮)，才能进行拆卸，否则会出现“工具选择错误！正确工具名称：内六角扳手”的提示，如图 1.1－9 所示。

当选择“内六角扳手”，点击“确定”按钮，并单击“机床罩壳”后，罩壳便自动开始拆卸，拆卸结束后界面会自动转换到下一步操作的最佳界面，如图 1.1－10 所示。

其他机床零件拆卸方法与之类似，此处不做重复列举。

整机拆卸步骤：

(1)机床罩壳拆卸：切断电源，拆除电线、油管与气管，分别拆除机床罩壳的连接螺丝，分别拆卸机床罩壳。选择工具：内六角扳手(FA－40M 加工中心的整机结构拆卸，使用的工具均为内六角扳手)。

(2)刀库罩壳拆卸：拆除刀库罩壳的连接螺丝，拆卸刀库罩壳，起吊螺栓放在刀库的起吊螺栓孔内，用起吊设备吊住起吊螺栓。

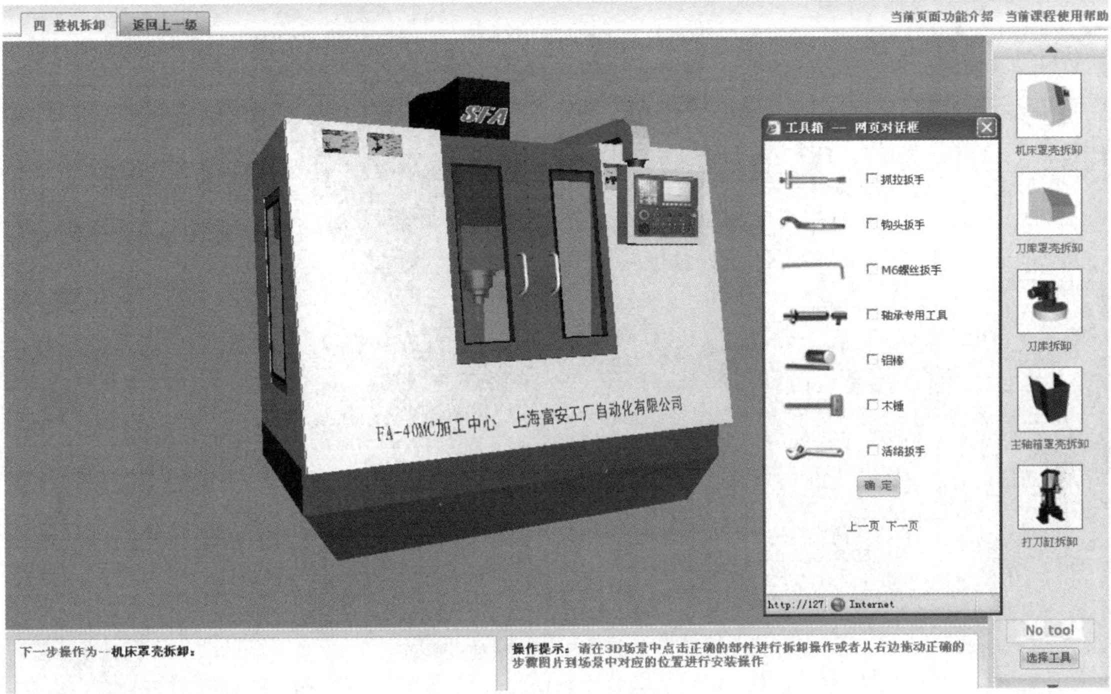

图 1.1－8 工具箱显示

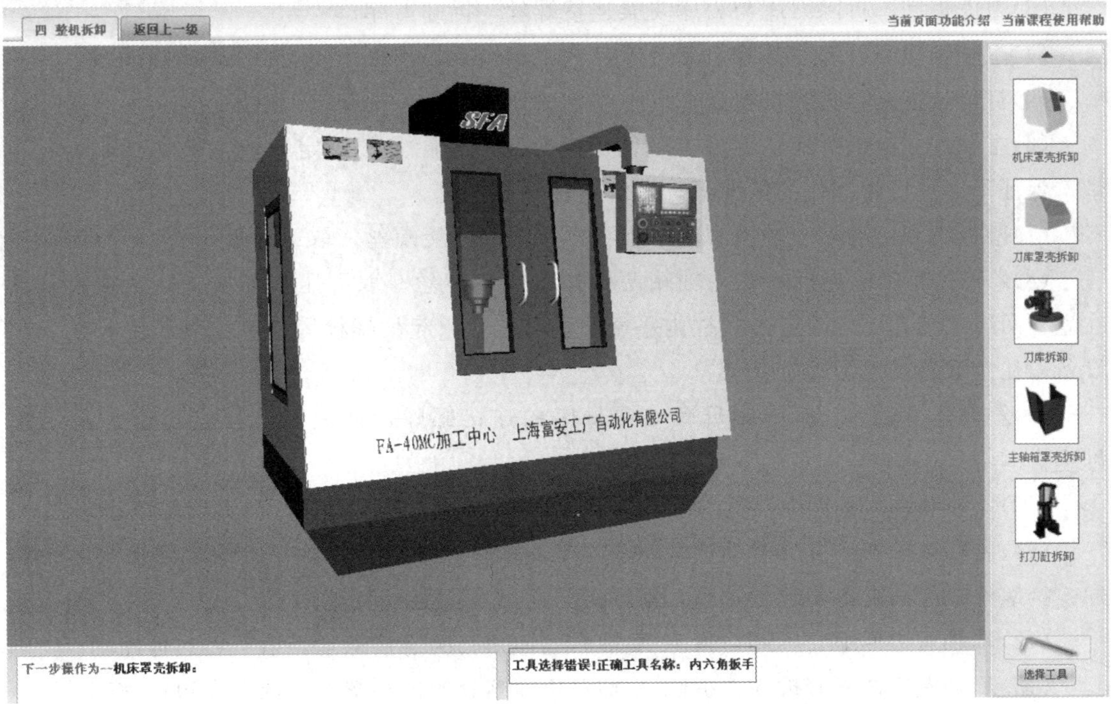

图 1.1－9 内六角扳手提示

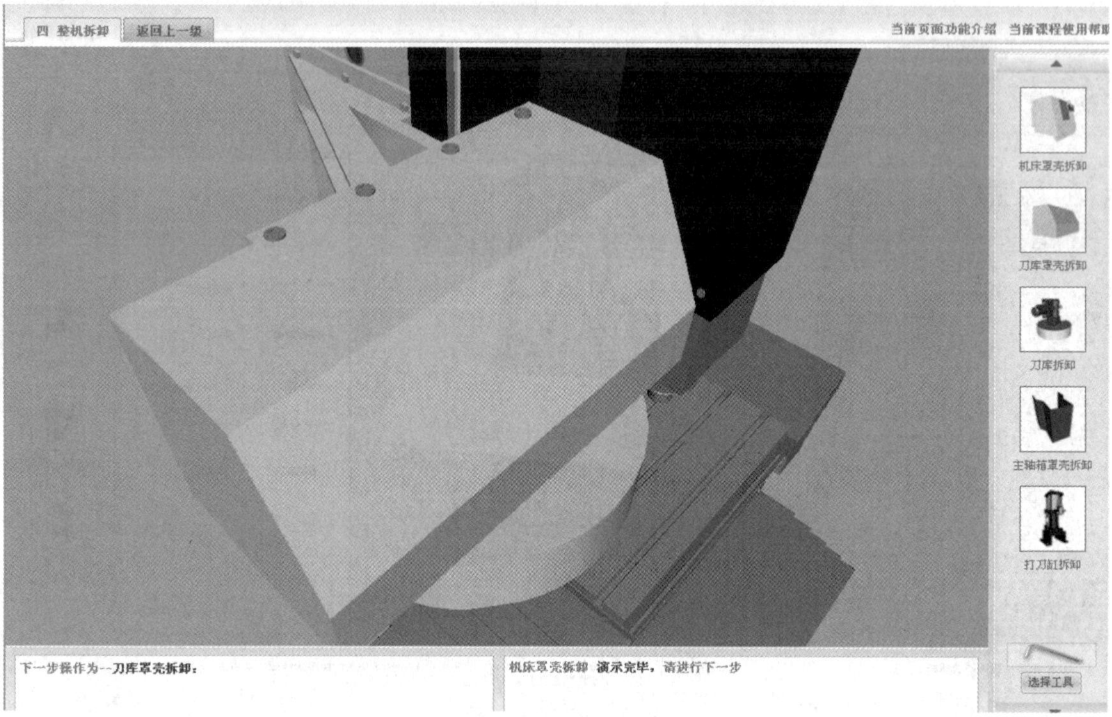

图 1.1－10 机床罩壳拆除后显示

(3)刀库拆卸：拆除刀库与刀库支架连接螺丝，拆卸刀库。

(4)主轴箱罩壳拆卸：拆除主轴箱罩壳在主轴箱上的连接螺丝，拆卸主轴箱罩壳。

(5)打刀缸拆卸：拆除打刀缸在主轴箱上的连接螺丝，拆卸打刀缸。

(6)主轴伺服电机拆卸：拆除主轴伺服电机在主轴箱上的固定螺丝，松动并取出同步带，保证不会被皮带扣住的情况下，拆卸主轴伺服电机。

(7)槽板拆卸：拆除主轴箱右侧槽板在立柱上的连接螺丝，取下槽板。

(8)*Z* 轴拉罩拆除：拆除在主轴箱两侧拉罩压板螺丝，取下压板与拉罩，二根钢管搁在立柱两组工艺孔上，并穿过立柱内平衡块的工艺孔，起吊螺栓固定在主轴箱上，用起吊设备吊住主轴箱。

(9)*Z* 轴螺母拆卸：拆除螺母套与螺母座的连接螺丝，使滚珠丝杆螺母套能退出螺母座。

(10)*Z* 轴滑块压板拆卸：拆除滑块压板在主轴箱上的连接螺丝，取下滑块压板。

(11)主轴箱拆卸：拆除滑动道轨座与主轴箱的连接螺丝，拆除平衡块上链条与主轴箱的连接螺丝，起吊设备吊起主轴箱，滑动道轨座留在固定导轨上。

(12)*X* 轴右边伸缩套拆卸：拆除 *X* 轴右边伸缩套的连接螺丝，取下右边伸缩套。

(13)*X* 轴左边伸缩套拆卸：拆除 *X* 轴左边伸缩套的连接螺丝，取下左边伸缩套。

(14)*X* 轴滑动压板拆卸：拆除 *X* 轴导轨上滑动压板的连接螺丝。

(15)*X* 轴螺母座拆卸：拆除 *X* 轴滚珠丝杆螺母座在工作台上的连接螺丝，再拆除螺母座的两根定位锥销。

(16)工作台拆卸：拆除工作台与滑动导轨座连接螺丝，起吊设备吊起工作台，使之脱离下拖板，滑动导轨座留在固定导轨上，X 轴螺母座留在滚珠丝杆上。

(17)Y 轴后边伸缩套拆卸：拆除 Y 轴后边伸缩套的连接螺丝，取下后边伸缩套。

(18)Y 轴前边伸缩套拆卸：拆除 Y 轴前边伸缩套的连接螺丝，取下前边伸缩套。

(19)Y 轴滑动导轨座压板拆卸：拆除滑动导轨座压板的连接螺丝，取出压板。

(20)Y 轴滑动导轨座拆卸：拆除 Y 轴滑动导轨座连接螺丝。

(21)下拖板拆卸：拆除 Y 轴滚珠丝杆螺母座在工作台上的连接螺丝，再拆除螺母座的两根定位锥销，起吊设备吊起下拖板，使之脱离下底座，滑动导轨座留在固定导轨上，Y 轴螺母座留在滚珠丝杆上。

5. 自动拆卸　将页面转至自动拆卸界面。

点击“播放”按钮，自动演示整机拆卸的全过程。

点击“缩放”按钮，可放大或缩小画面，调整视点的远近。

点击“观察”按钮，旋转观察场景中的模型。同时键盘的上、下、左、右键也可以旋转模型进行观察。

点击“平移”按钮，移动场景中的模型

点击“自适应”按钮，调整场景中模型的位置使其最适合观察。

6. 整机安装　将页面转至整机安装界面，如图 1.1－11 所示。

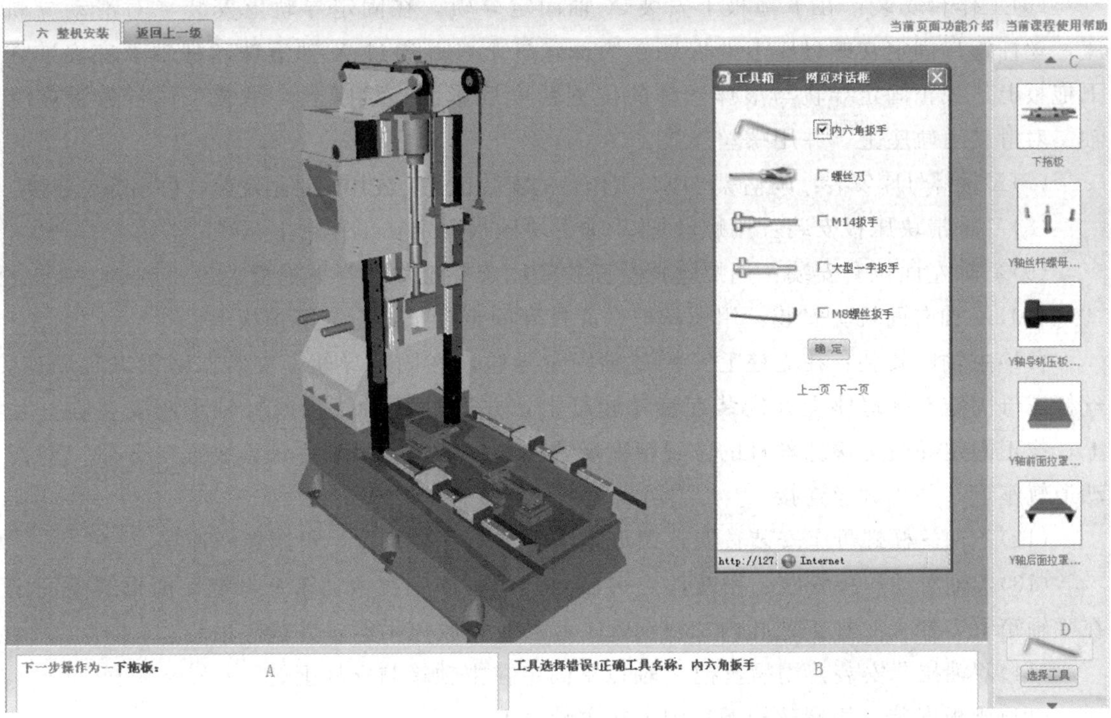

图 1.1－11　整机安装界面

整机安装界面的区间功能与整机拆卸类似。零件库的图片按照安装步骤从上到下排列，点击蓝色三角形，可以向上或向下浏览零件，使用鼠标滚轮，可以快速浏览零件。

同样，在对整机进行安装前也必须选择正确的工具，并将零件库里相应的部件拖至正确的安装位置(螺丝点位)后，方可顺利完成安装。工具的选择与操作办法同整机拆卸部分。

根据A区的下一步操作提示，选择B区提示的正确工具，点击确定，将C区的对应操作拉到界面的绿色区域，即可完成对应的操作。

安装步骤：

(1)下拖板：在底座上安装Y轴固定导轨，在固定导轨上安装二对滑动导轨座，丝杆螺母固定在螺母座上并安装在滚珠丝杆上，并通过Y轴滚珠丝杆轴承座安装在底座上，找正固定导轨与滚珠丝杆的位置精度后紧固连接螺丝。吊装下拖板放置在Y轴二对滑动道轨座上，并用螺丝连接。选择工具：内六角扳手(FA－40M加工中心的整机结构安装，使用的工具均为内六角扳手)。

(2)Y轴丝杆螺母安装：调整螺母座与下拖板安装位置，先用两锥销定位，再用螺丝连接。

(3)Y轴导轨压板固定：螺丝固定Y轴导轨压板。

(4)Y轴前面拉罩安装：用螺丝把前面拉套固定在下拖板与底座上。

(5)Y轴后面拉罩安装：用螺丝把后面拉套固定在下拖板与立柱上。

(6)工作台安装：在下拖板上安装X轴固定导轨，在固定导轨上安装二对滑动导轨座，丝杆螺母固定在螺母座上并安装在滚珠丝杆上，并通过X轴滚珠丝杆轴承座安装在下拖板上，找正固定导轨与滚珠丝杆的位置精度后紧固连接螺丝。吊装工作台放置在X轴二对滑动道轨座上，并用螺丝连接。

(7)X轴螺母座安装：调整螺母座与工作台的安装位置，先用两锥销定位，再用螺丝连接。

(8)X轴滑块压板安装：用螺丝把X轴滑块压板固定在工作台上。

(9)X轴左面拉套安装：用螺丝把左面拉套固定在工作台与下拖板上。

(10)X轴右面拉套安装：用螺丝把右面拉套固定在工作台与下拖板上。

(11)主轴箱安装：在立柱上安装Z轴固定导轨，在固定导轨上安装二对滑动导轨座，丝杆螺母固定在螺母座上并安装在滚珠丝杆上，并通过Z轴滚珠丝杆轴承座安装在立柱上，找正固定导轨与滚珠丝杆的位置精度后紧固连接螺丝。吊装主轴箱放置在Z轴二对滑动道轨座上，并用螺丝连接。

(12)Z轴丝杠螺母座安装：调整螺母座与主轴箱安装位置，再用螺丝连接。

(13)Z轴滑动压板安装：用螺丝把Z轴滑动压板固定在主轴箱上，把平衡重链条固定在主轴箱上，抽去立柱工艺孔内二根钢管，起吊设备脱离吊钩，并摘除吊钩。

(14)Z轴拉罩安装：用螺丝把Z轴拉罩固定在主轴箱与立柱上。

(15)槽板安装：用螺丝把槽板固定在主轴箱上。

(16)主轴伺服电机安装：用螺丝把主轴伺服电机固定在主轴箱上。

(17)打刀缸安装：用螺丝把打刀缸固定在主轴箱上。

(18)主轴箱罩壳安装：用螺丝把主轴箱罩壳固定在主轴箱上。

(19)刀库安装：用螺丝把刀库固定在刀库支架上，脱离起吊设备，拆除起吊螺栓。

(20)刀库罩壳安装：用螺丝把刀库罩壳固定在刀库支架上。

(21)机床罩壳安装：用螺丝把机床罩壳固定在机床上。

7. 自动安装　将页面转至自动安装界面。

1.1.2　主轴系统

主轴系统仿真主要包含概述、结构展示、原理演示、主轴拆卸、自动拆卸、主轴安装、自动安装七部分，如图 1.1－12 所示。

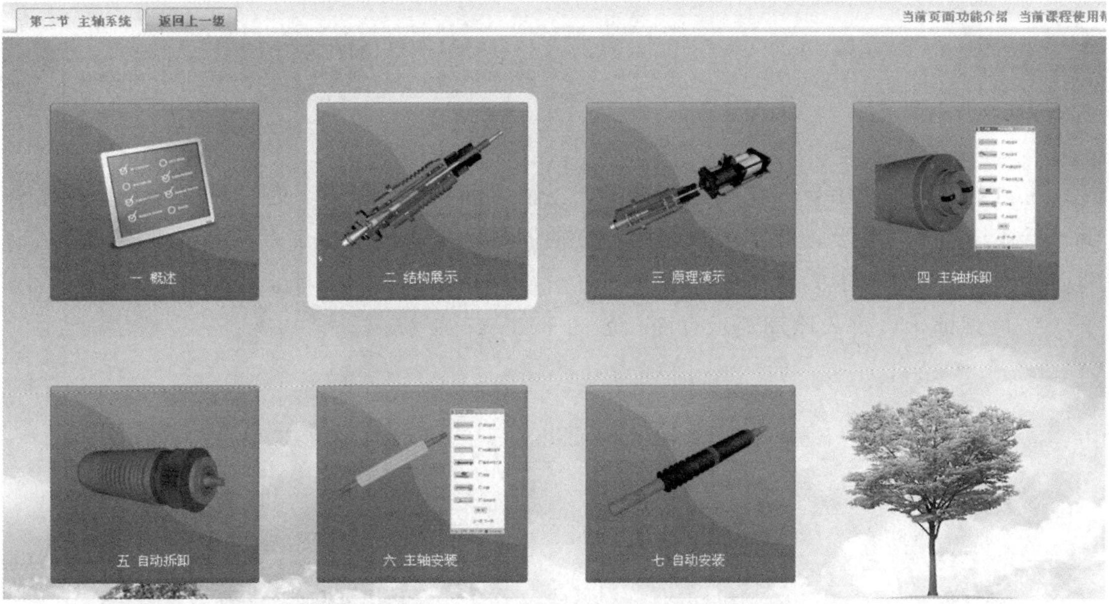

图 1.1－12　主轴系统控制面板

1. 概述　包括原理介绍和功能介绍两部分，如图 1.1－13 所示。

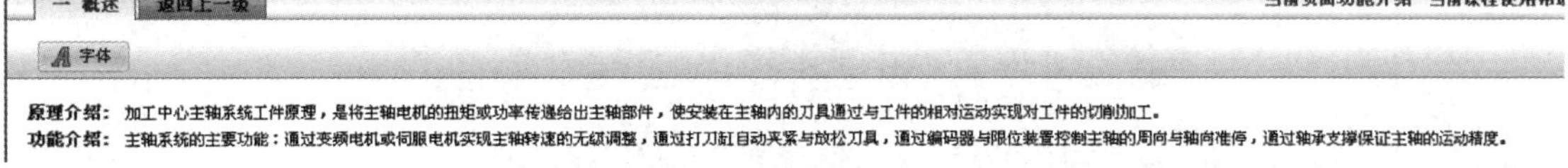

图 1.1－13　原理和功能介绍

2. 结构展示　该界面主要展示主轴系统及各零部件，如图 1.1－14 所示。

点击播放按钮，模型显示爆炸动画，再次点击，模型收拢。使用鼠标滚轮，可以调整视点的远近，详细查看各零部件。点击主轴各部件，会在页面的左下方显示相应的部件名称。

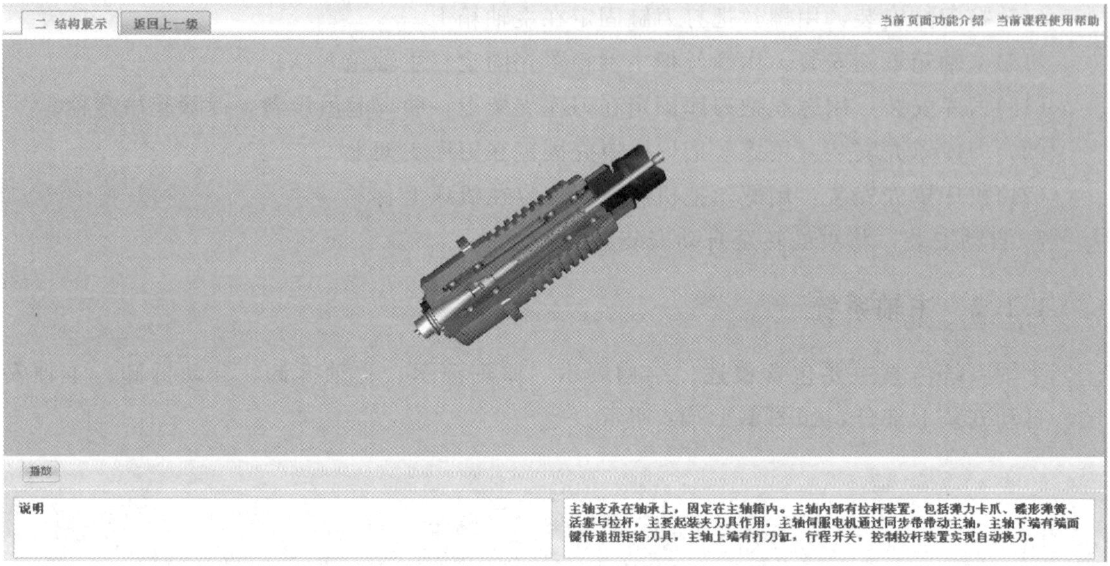

图 1.1-14　结构展示

主轴支承在轴承上，固定在主轴箱内。主轴内部有拉杆装置，包括弹力卡爪、蝶形弹簧、活塞与拉杆，主要起装夹刀具作用，主轴伺服电机通过同步带带动主轴，主轴下端有端面键传递扭矩给刀具，主轴上端有打刀缸，行程开关，控制拉杆装置实现自动换刀。

3. 原理演示　进入原理演示页面，如图 1.1-15 所示。

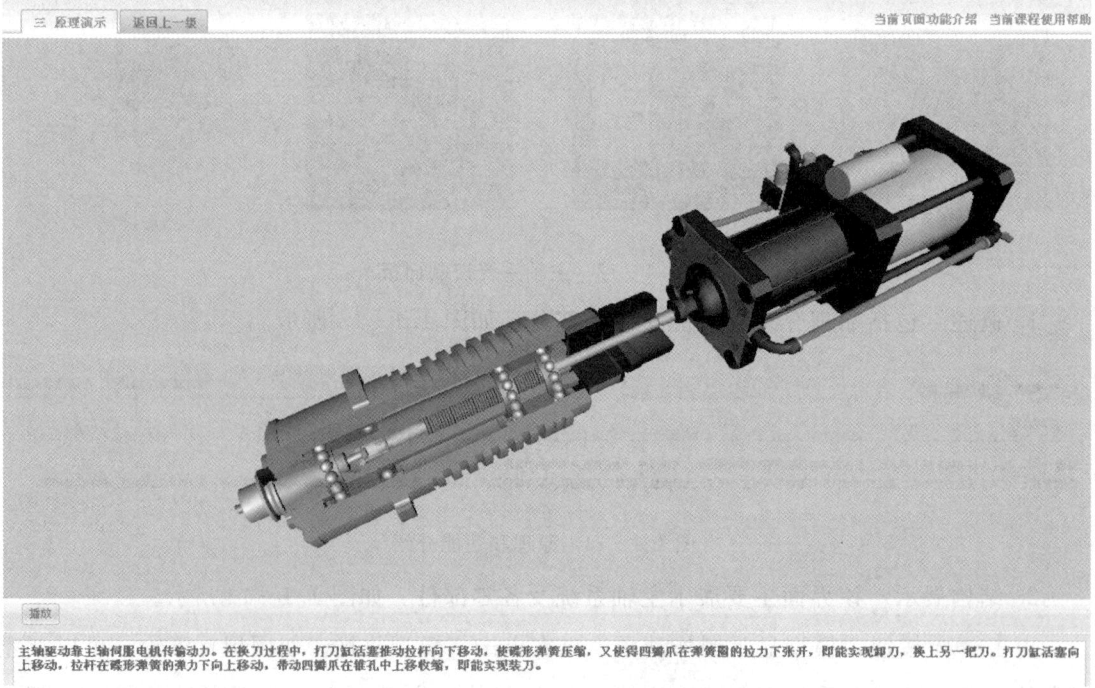

图 1.1-15　原理演示

点击 播放 按钮，可触发原理演示动画。操作过程中在演示区按住鼠标右键可随意拖动产品，滑动鼠标滚轮可放大或缩小画面，调整视点的远近。

4. 主轴拆卸　进入主轴拆卸界面，如图 1.1 - 16 所示。

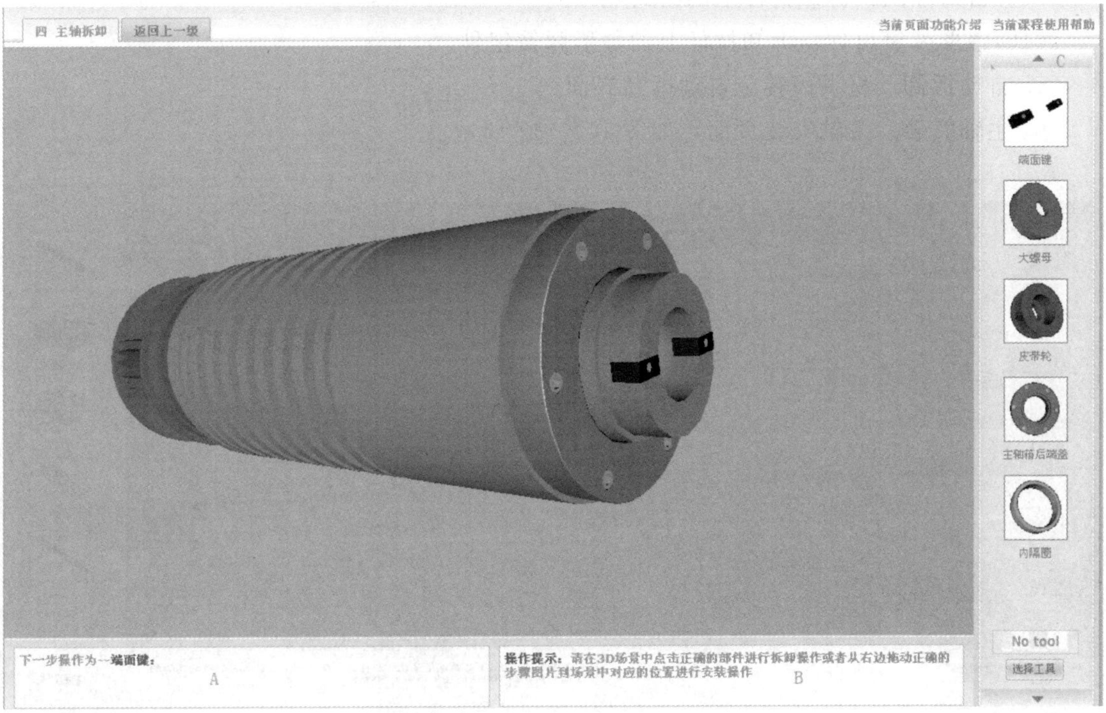

图 1.1 - 16　主轴拆卸界面

主轴拆卸步骤：

(1)端面键：拧松固定在主轴前端的“内六角螺丝”。选择工具：内六角扳手。

(2)大螺母：利用钩头扳手拧松固定在主轴后端的大螺母。选择工具：钩头扳手。

(3)皮带轮：拆卸主轴后端的皮带轮。

(4)主轴箱后端盖：拧松主轴箱后端盖的内六角螺丝。选择工具：内六角扳手。

(5)内隔圈：拆卸主轴后端的内隔圈。

(6)主轴：拧松“主轴箱前端盖”与“主轴箱体”间的内六角螺丝，拆卸主轴箱体前端的主轴。选择工具：内六角扳手。

(7)长隔套：拆卸主轴上的长隔套。

(8)调整块(前)：拆卸主轴上的调整块(前)。

(9)角接触球轴承(前)：采用木锤拆卸主轴上的角接触球轴承(前)。选择工具：木锤和轴承专用工具。

(10)主轴箱前端盖：拆卸主轴上的主轴箱前端盖。

(11)锁紧螺丝：采用大型一字扳手拆卸“四瓣爪套”锁紧螺丝。选择工具：大型一字扳手和 M6 螺丝扳手。

(12)拉杆：采用大型一字扳手拆卸拉杆。选择工具：大型一字扳手。

(13)四瓣爪套：用 M8 螺丝扳手拆卸主轴内部的四瓣爪套。选择工具：M8 螺丝扳手。

(14)圆螺母：用钩头扳手拆卸拉杆上的圆螺母。选择工具：钩头扳手。

(15)密封隔圈：拆卸拉杆上的密封隔圈。

(16)叠形弹簧组件：拆卸拉杆上的叠形弹簧组件。

5. 自动拆卸　将页面转至自动拆卸界面。

6. 主轴安装　主轴安装页面，如图 1.1-17 所示。

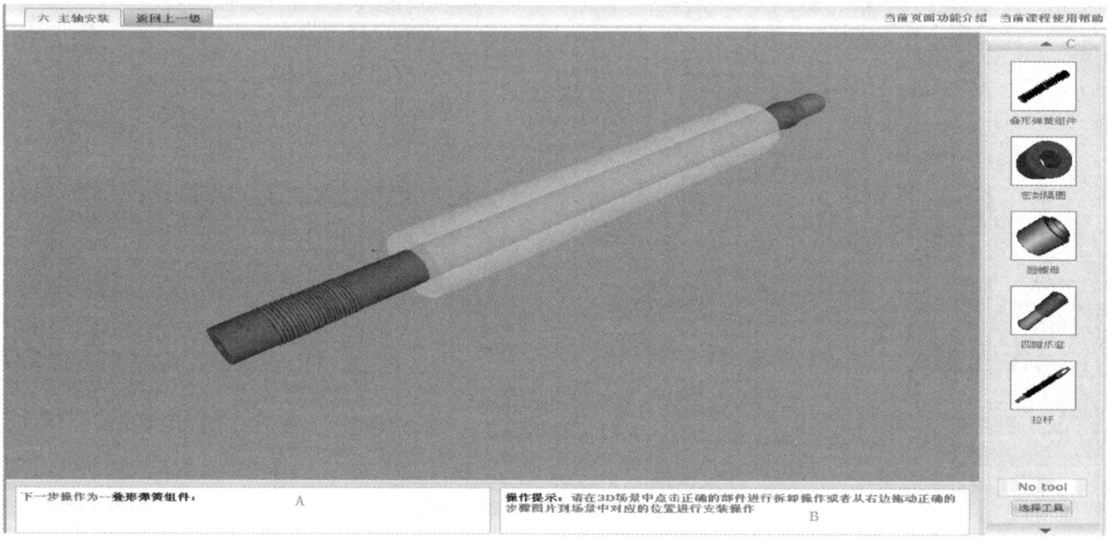

图 1.1-17　主轴安装

主轴安装步骤：

(1)叠形弹簧组件：将叠形弹簧拖到拉杆上，将“叠形弹簧组件”从拉杆上端装到拉杆上。

(2)密封隔圈：将“密封隔圈”从拉杆上端装到拉杆上。

(3)圆螺母：选中“圆螺母”，拖到拉杆上，将“圆螺母”利用“钩形扳手”安装到拉杆上。将拉杆装置的零件固定在“拉杆上”。选择工具：钩头扳手。

(4)四瓣爪套：选中“四瓣爪套”，拖到“主轴前端”内部，利用“M8 螺丝扳手”固定“四瓣爪套”，从主轴的下端将“四瓣爪套”送进主轴内部(安装该步骤时主轴应该给予透明显示)。选择工具：M8 螺丝扳手。

(5)拉杆：选中“拉杆”拖到“主轴后端”，将“拉杆”从主轴上端装入主轴，利用一字扳手(专用工具)固定四瓣爪，将“拉杆”与“四瓣爪套”拧紧(安装该步骤时主轴应该给予透明显示)。选择工具：大型一字扳手。

(6)锁紧螺丝：选中“锁紧螺丝”拖到“四瓣爪套”上，利用“一字扳手”(专用工具)，将“四瓣爪套”固定，利用“M6 螺丝扳手”(专用工具)通过一字扳手内孔，将“四瓣爪套”锁紧螺丝拧紧(安装该步骤时主轴，四瓣爪给予透明显示，体现出该“锁紧螺丝”是固定“拉杆”

和“四瓣爪套”的)。选择工具：大型一字扳手、M6 螺丝扳手。

(7)主轴箱前端盖：选中“主轴前端盖”拖到主轴上，将“主轴箱前端盖”装入到主轴上。

(8)角接触球轴承(前)：选“角接触球轴承”拖到主轴上，将“角接触球轴承”装入到主轴上。选择工具：轴承专用工具和木锤。

(9)调整块(前)：选中“调整块(前)”拖到主轴上，并装入到主轴上。

(10)长隔套：选中长隔套，拖到主轴上，将长隔套装到主轴上。选择工具：内六角扳手。

(11)主轴：选中“主轴”，拖到主轴箱体前端，将主轴从主轴箱体前端装入，利用内六角螺丝将“主轴前端盖”与“主轴箱体”固定。选择工具：内六角扳手。

(12)调整块(后)：选中“调整块(后)”，拖到主轴后端，将调整块(后)，装入到主轴上。

(13)角接触轴承(后)：选中“角接触轴承(后)”，拖到主轴后端，将“角接触轴承(后)”装到主轴上。选择工具：轴承专用工具、木棰。

(14)内隔圈：选中内隔圈，拖到主轴后端，将内隔圈装到主轴上。

(15)主轴箱后端盖：选中主轴箱后端盖，拖到主轴箱体后端上，用内六角螺丝将后端盖固定在主轴箱体上。选择工具：内六角扳手。

(16)皮带轮：选中皮带轮，拖到主轴后端上，将皮带轮安装到主轴上(注意凸器块，应该嵌在主轴与皮带轮之间)。

(17)大螺母：选中大螺母，拖到主轴后端上，利用钩形扳手将大螺母安装到主轴上，并锁紧。选择工具：钩头扳手。

(18)端面键：选中“端面键”，拖到主轴前端“端面键槽”内，利用“内六角螺丝”将“端面键”固定在主轴前端。选择工具：内六角扳手。

7. 自动安装　将页面转至自动安装界面。

点击“播放”按钮，自动演示整机拆卸的全过程。

点击“缩放”按钮，可放大或缩小画面，调整视点的远近。

点击“观察”按钮，旋转观察场景中的模型。同时键盘的上、下、左、右键也可以旋转模型进行观察。

点击“平移”按钮，移动场景中的模型。

点击“自适应”按钮，调整场景中模型的位置。

1.1.3　工作台进给装置

工作台进给装置仿真包括概述、结构展示、原理演示、工作台拆卸、自动拆卸、工作台安装和自动安装七部分，如图 1.1-18 所示。

1. 概述　工作台进给原理及功能介绍，如图 1.1-19 所示。

2. 结构展示　点击进入结构展示页面，可详细查看工作台的各个零部件，如图 1.1-20 所示。

点击模型中的各部件，A 区会显示各部件名称，B 区为结构展示说明文字。

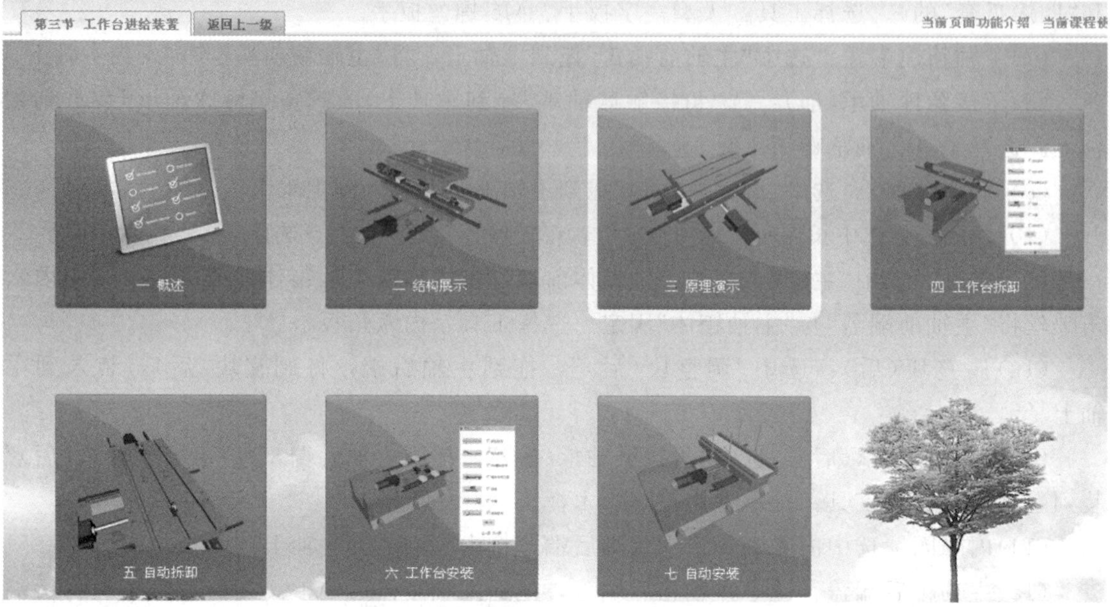

图 1.1－18 工作台进给装置控制面板

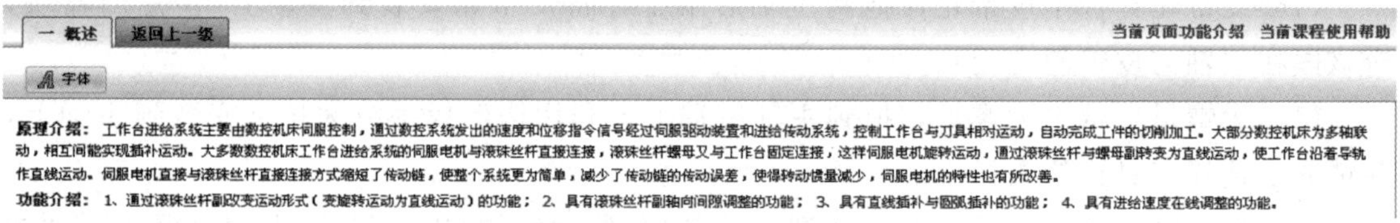

图 1.1－19 原理演示

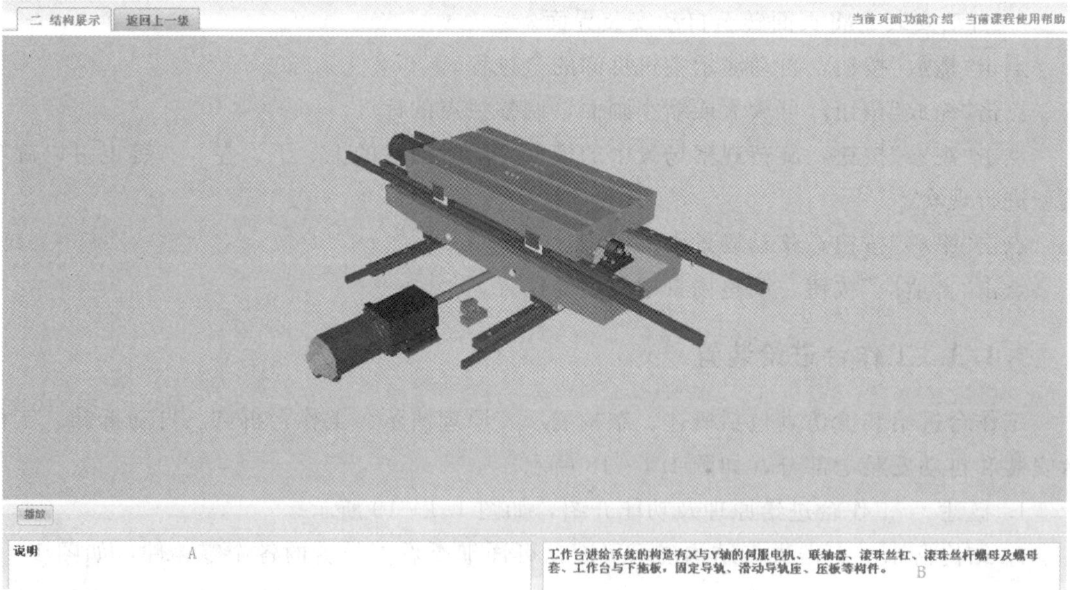

图 1.1－20 结构展示

点击[播放]按钮，模型做爆炸动画，如图 1.1－21 所示。再次点击，模型收拢。使用鼠标滚轮，可以调整视点的远近。

3. 原理演示　原理演示页面如图 1.1－22 所示。

点击[播放]按钮，即触发原理演示动画。使用鼠标滚轮，可以调整视点的远近。

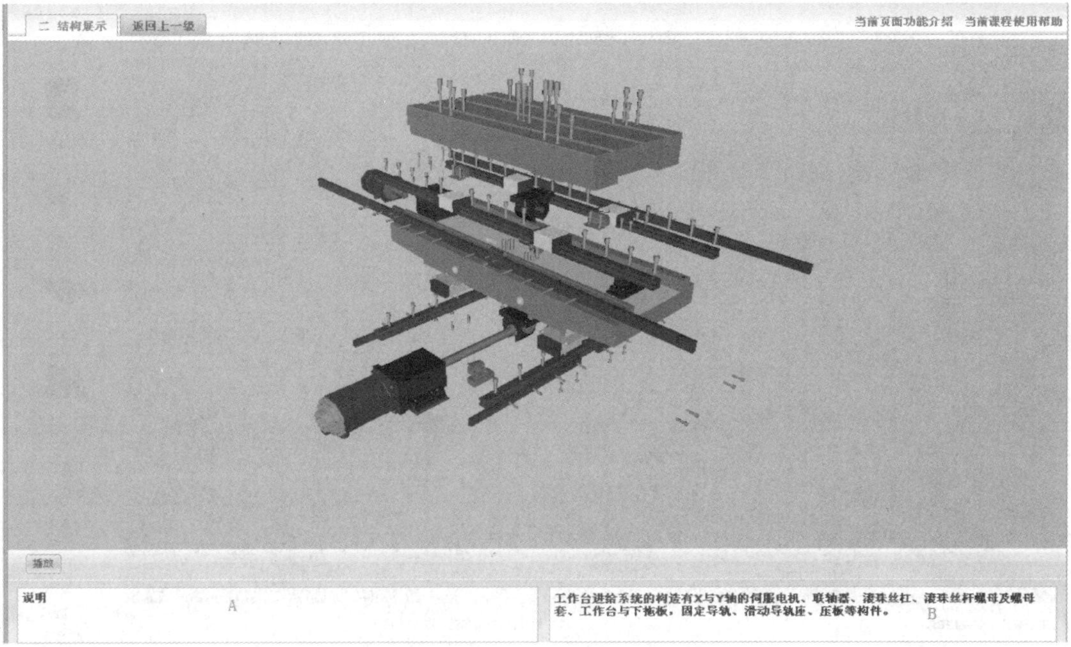

图 1.1－21　工作台进给装置爆炸图

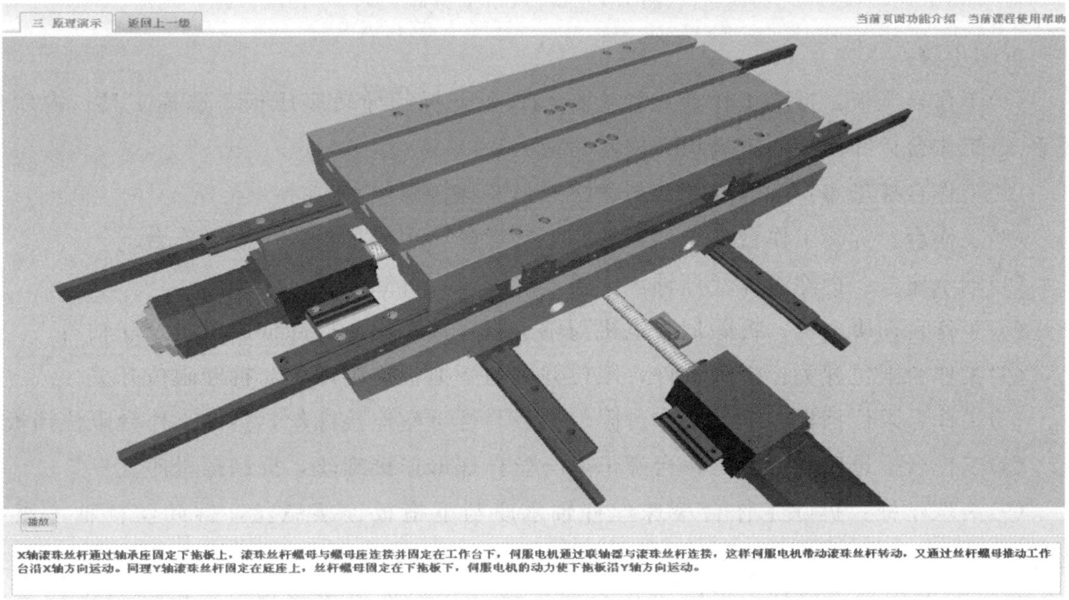

图 1.1－22　原理演示

4. 工作台拆卸　工作台拆卸界面，如图 1.1 - 23 所示。首先点击 选择工具 图标，选择拆卸所需的工具(工具选择方法及同整机拆卸部分)后可以根据零件图自上而下依次进行拆卸，也可以选择某个零件跳步拆卸。在零件库中选择某个零件，点击零件名称，3D 窗口将相应切换到该零件的拆卸，根据页面下方的提示文字进行拆卸。

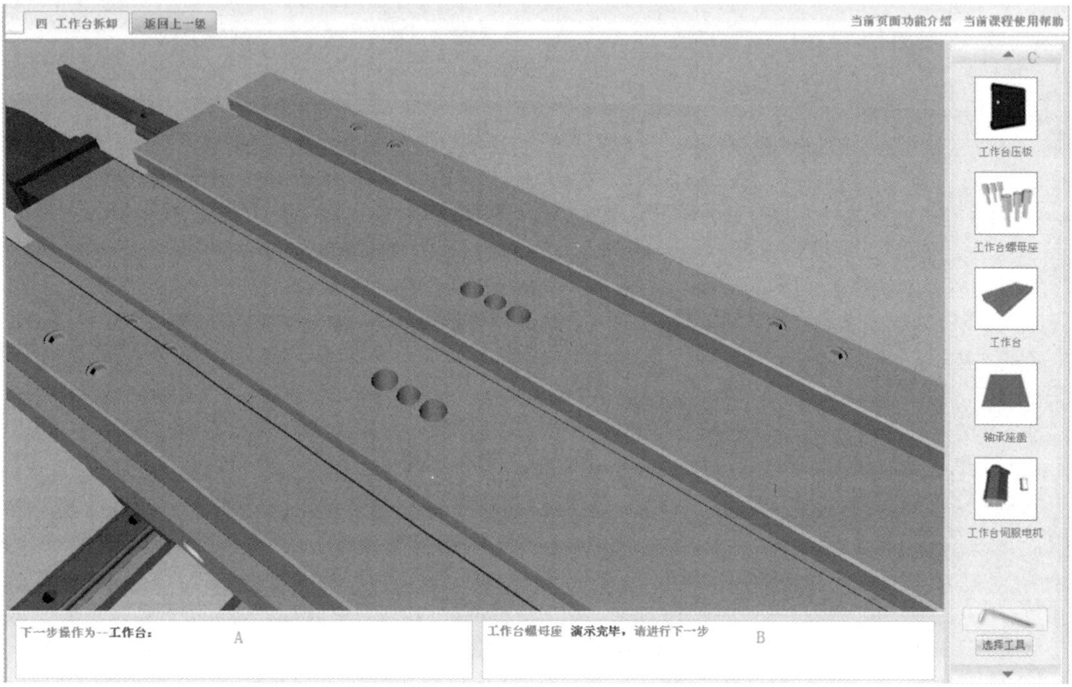

图 1.1 - 23　工作台拆卸

拆卸步骤：

(1)工作台压板：拆除工作台导轨座压板螺丝，拆卸导轨座压板。选择工具：内六角扳手。(工作台拆卸使用的工具均为内六角扳手)

(2)工作台螺母座：拆除工作台与丝杆螺母座连接螺丝。

(3)工作台：拆除工作台与滑动导轨座连接螺丝，用起吊设备吊离工作台。

(4)轴承座盖：拆除滚珠丝杆轴承座盖连接螺丝，拆卸轴承座盖。

(5)工作台伺服电机：拆除伺服电机与轴承座连接螺丝，拆卸伺服电机及联轴器。

(6)工作台限位开关：拆除工件台限位开关与下拖板连接螺丝，拆卸限位开关。

(7)工作台限位挡板：拆除工作台限位挡板与螺母座连接螺丝，拆卸工作台限位挡板。

(8)工作台螺母座：拆除工作台螺母座与丝杆螺母连接螺丝，拆卸螺母座。

(9)滚珠丝杆：拆除工作台滚珠丝杆轴承座与下拖板连接螺丝，拆卸丝杆轴承座与丝杆。

(10)工作台罩连接杆：拆除工作台罩连接杆与下拖板连接螺丝，拆卸工作台罩连接杆。

(11)工作台导轨：拆除工作台导轨与下拖板连接螺丝，拆卸工作台导轨与滑动导轨座。

(12)下拖板侧压螺丝：拆除下拖板侧压螺丝。

(13)下拖板螺母座：拆除下拖板丝杆螺母座与下拖板连接螺丝，拆卸下拖板。

(14)下拖板：从下拖板下方拆除滑动导轨座与下拖板连接螺丝，用起吊设备吊离下拖板，下拖板滚珠丝杆螺母与丝杆、滑动导轨座与固定导轨、下拖板罩连接杆等构件留在底座上。

5. 自动拆卸　将页面转至自动拆卸界面。

6. 工作台安装　进入工作台安装页面，可根据系统提示对工作台进行安装，如图1.1－24所示。

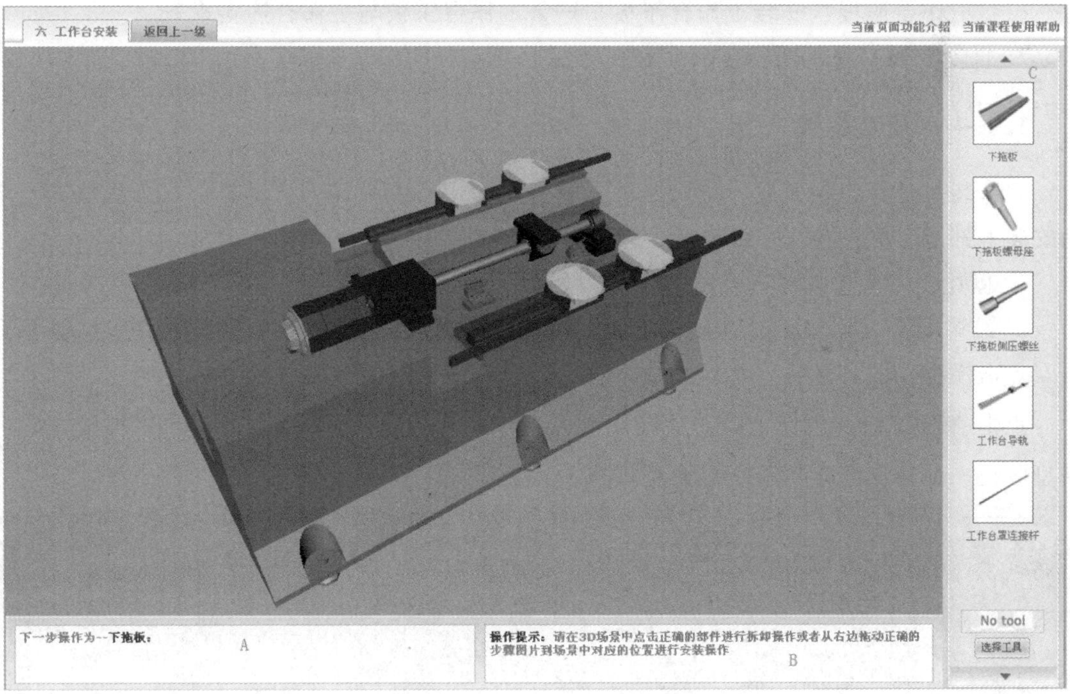

图1.1－24　工作台安装

安装步骤说明：

(1)下拖板：在底座上安装下拖板进给装置、导轨与滑动导轨座、限位开关、下拖板罩连接杆等构件，吊装下拖板，在下拖板底部拧紧滑动导轨座与下拖板连接螺丝。选择工具：内六角扳手(工作安装使用的工具均为内六角扳手)。

(2)下拖板螺母座：拧紧下拖板螺母座与下拖板连接螺丝。

(3)下拖板侧压螺丝：拧紧下拖板侧压螺丝。

(4)工件台导轨：安装工件台导轨(导轨座放在导轨上)，拧紧导轨与下拖板连接螺丝。

(5)工作台罩连接杆：安装工作台罩连接杆，拧紧连接杆与下拖板连接螺丝。

(6)滚珠丝杆：安装滚珠丝杆：螺母内孔套在丝杆上，丝杆二端支承在轴承座上，拧紧轴承座与下拖板连接螺丝。

(7)螺母座：螺母外圆套在螺母座内，拧紧螺母与螺母座连接螺丝。

(8)限位挡板：安装限位挡板，拧紧限位挡板与螺母座连接螺丝。

(9)限位开关：安装限位开关，拧紧限位开关与下拖板连接螺丝。

(10)伺服电机：在工作台丝杆上安装联轴器与伺服电机，拧紧伺服电机与轴承座的连接螺丝。

(11)电机座盖：安装电机座盖，拧紧电机座盖与电机座连接螺丝。

(12)工作台：吊装工作台，拧紧工作台与滑动导轨座连接螺丝。

(13)工作台螺母座：拧紧工作台螺母座与工作台连接螺丝。

(14)工作台压板：安装工作台压板，拧紧工作台压板与工作台连接螺丝。

7. 自动安装　将页面转至自动安装界面。

1.1.4　刀库装置

刀库装置仿真包括概述、结构展示、原理演示、刀库拆卸、自动拆卸、刀库安装、自动安装七部分，如图 1.1－25 所示。

1. 概述　刀库工作原理及功能介绍，如图 1.1－26 所示。

2. 结构展示　点击进入结构展示页面，可详细查看工作台各零部件，如图 1.1－27 所示。

点击模型中的各部件，A 区会显示各部件名称，B 区为结构展示说明文字。

点击播放按钮，模型立即显示爆炸动画，如图 1.1－28 所示。再次点击“播放”按钮，模型收拢。使用鼠标滚轮，可以调整视点的远近。

图 1.1－25　刀库装置控制面板

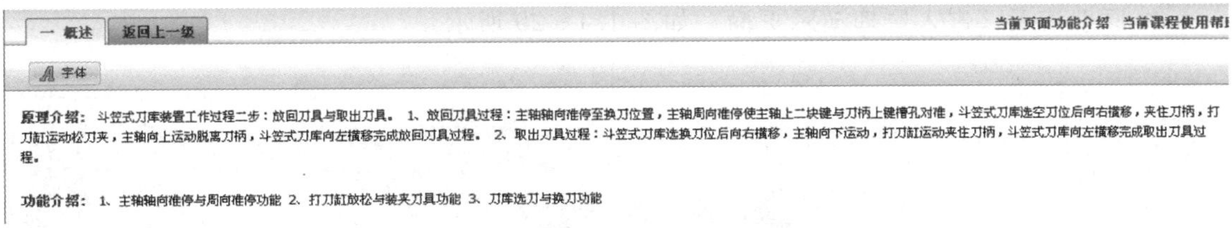

图 1.1-26 刀库工作原理和功能介绍

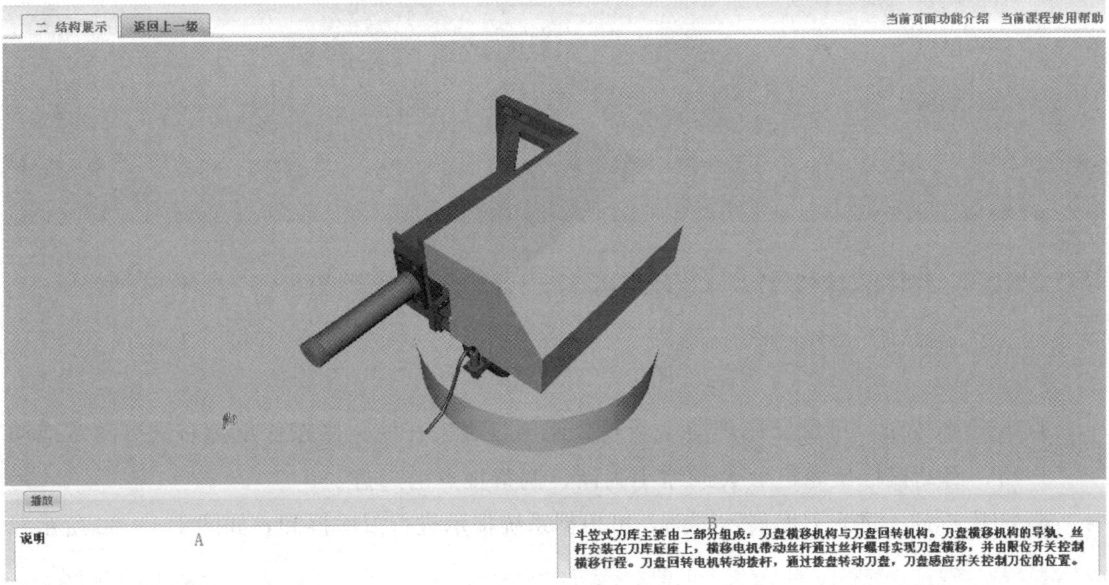

图 1.1-27 结构演示

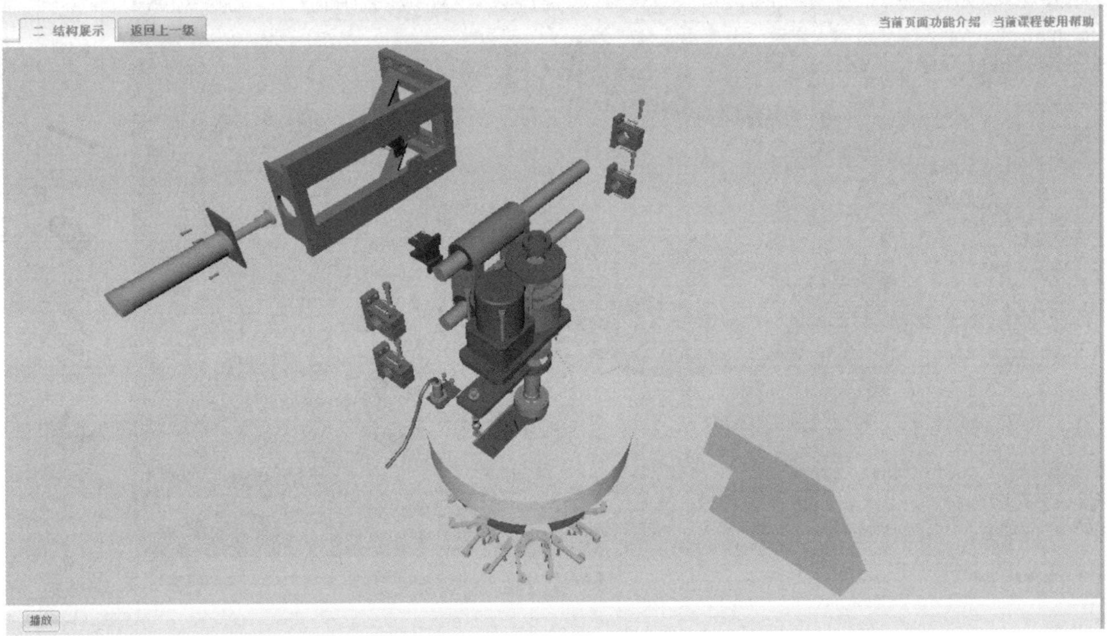

图 1.1-28 刀库爆炸图

3. 原理演示　进入原理演示页面，如图 1.1－29 所示。

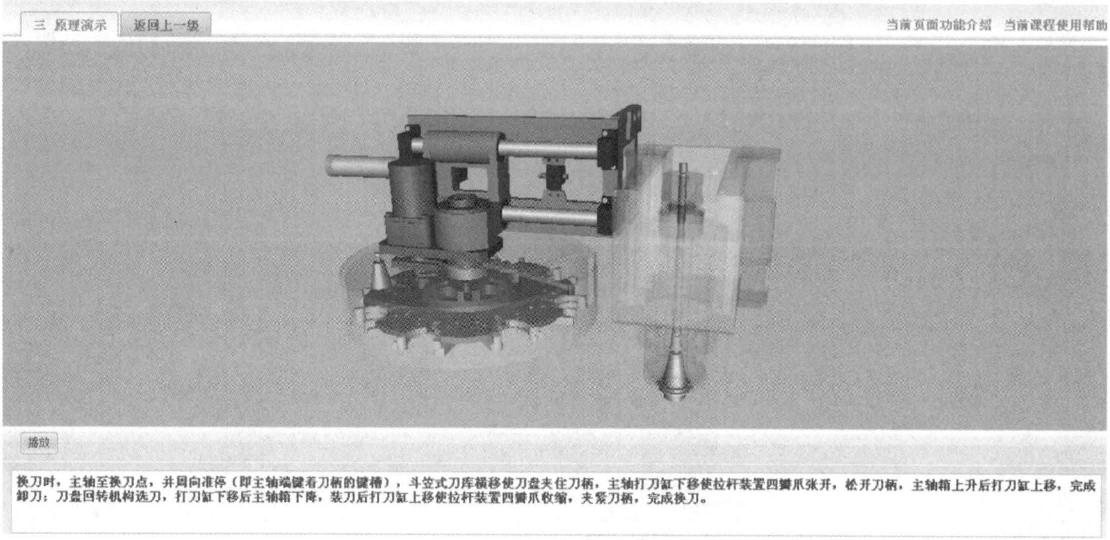

图 1.1－29　原理演示

点击 播放 按钮，可触发原理演示动画。操作过程中在演示区按住鼠标右键可随意拖动产品，滑动鼠标滚轮可放大或缩小画面，调整视点的远近。

4. 刀库拆卸　进入刀库展示页面，可根据系统提示进行刀库拆卸，如图 1.1－30 所示。

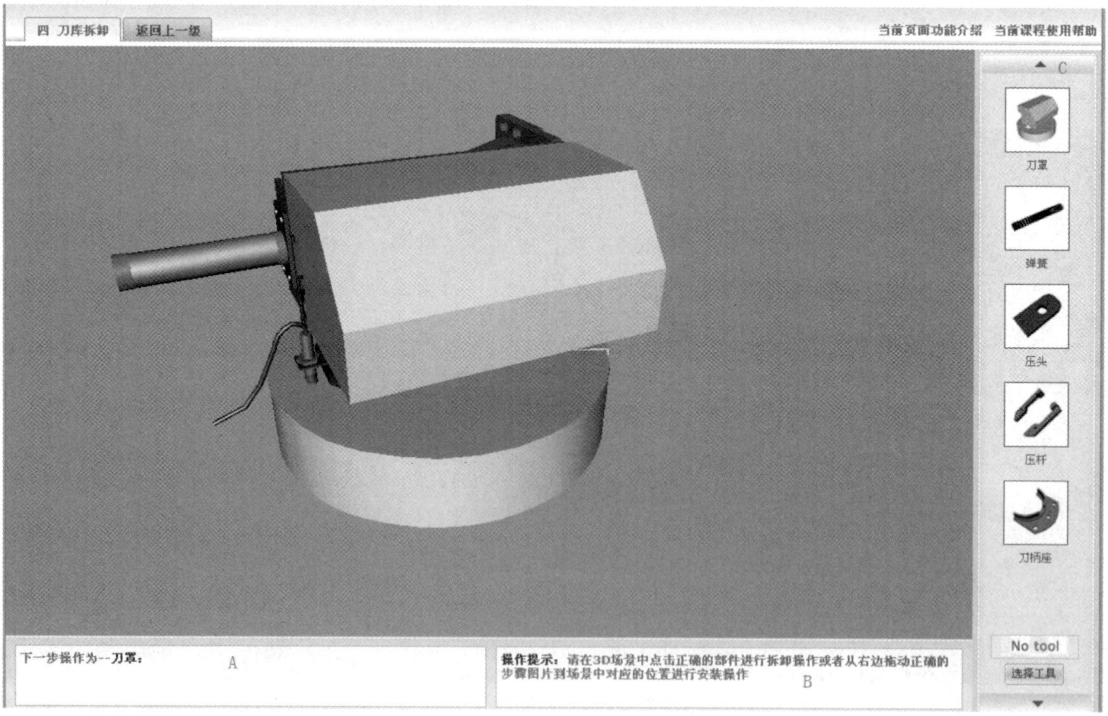

图 1.1－30　刀库拆卸

拆卸步骤说明：

1)拆卸刀盘部分

(1)刀罩：拆卸刀罩。选择工具：内六角扳手。

(2)弹簧：拆卸压杆上的弹簧装置。

(3)压头：利用内六角扳手拧松库盘上的米制螺栓。选择工具：内六角扳手。

(4)压杆：拆卸库盘上压杆的螺栓。选择工具：活络扳手。

(5)刀柄座：拆卸库盘上刀柄座的内六角螺丝。选择工具：内六角扳手。

(6)库盘：拧松轴上库盘的内六角螺丝。选择工具：内六角扳手。

2)拆卸主动电机部分

(7)发信体：拆卸开关架上的发信体。选择工具：内六角扳手。

(8)螺盖：用螺丝刀拧松拐销上螺盖的一字螺丝。选择工具：螺丝刀。

(9)滚轮：取下拐销上的滚轮。

(10)拐销：拆卸拐销孔中的拐销。选择工具：活络扳手。

(11)拐盘：拆卸电机轴上的 M6×12 螺钉，取下拐盘。选择工具：螺丝刀。

(12)电机：拧松机座板上电机的内六角螺丝。选择工具：内六角扳手。

(13)机座板：拧松库座的下端轴承座圈上机座板的内六角螺丝。选择工具：内六角扳手。

3)拆卸油缸传动部分

(14)气缸：拆卸托架上气缸的内六角螺丝。选择工具：活络扳手。

(15)连接座：拆卸库座上连接座的内六角螺丝。选择工具：内六角扳手。

4)拆卸刀架部分

(16)挡铁座：拆卸刀架上挡铁座的内六角螺丝。选择工具：活络扳手。

(17)库座：拆卸导轨座上库座的内六角螺丝。选择工具：内六角扳手。

(18)导杆座：拆卸托架上的导杆座的内六角螺丝。选择工具：内六角扳手。

5)拆卸库座部分

(19)圆螺母：拆卸轴上的一对圆螺母。选择工具：钩头扳手。

(20)防尘圈：拆卸库座上的防尘圈。

(21)隔圈：拆卸隔圈。选择工具：内六角扳手。

(22)圆锥滚子轴承(上)：拆卸轴上的圆锥滚子轴承(上)。选择工具：轴承专用工具。

(23)轴：拆卸库座中的轴。

(24)轴承座圈：拆卸轴上挡住圆锥滚子轴承(下)外壁的轴承座圈。

(25)圆锥滚子轴承(下)：拆卸轴上的圆锥滚子轴承(下)。选择工具：轴承专用工具。

5. 自动拆卸　将页面转至自动拆卸界面。

6. 刀库安装　转入刀库安装页面，如图 1.1－31 所示。

安装步骤说明：

1)安装库座部分

(1)圆锥滚子轴承(下)：将圆锥滚子轴承(下)安装到轴上。选择工具：轴承专用工具。

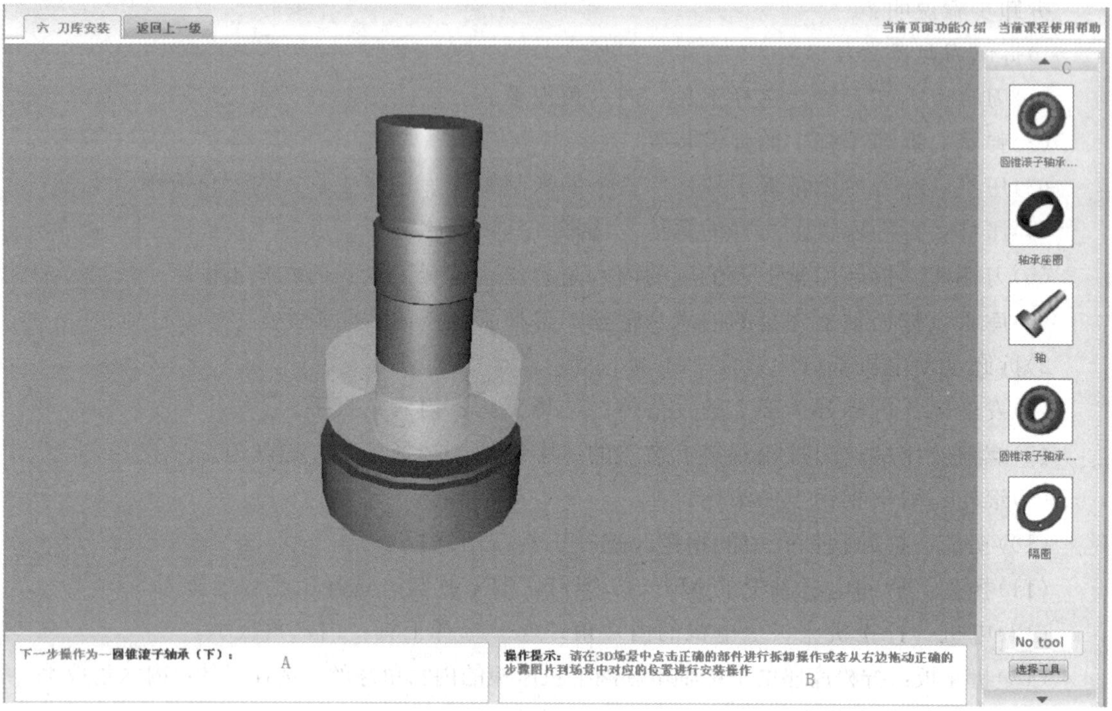

图 1.1－31　刀库安装

(2)轴承座圈：将轴承座圈安装到轴上，轴承座圈挡住圆锥滚子轴承(下)的外壁。

(3)轴：将安装好的轴承与轴承座圈的轴从库座的下端装入库座中。

(4)圆锥滚子轴承(上)：将圆锥滚子轴承(上)从库座的上端安装到轴上。选择工具：轴承专用工具。

(5)隔圈：安装隔圈。选择工具：内六角扳手。

(6)防尘圈：将防尘圈从库座上端安装到库座上，并用内六角螺丝锁紧。选择工具：内六角扳手。

(7)圆螺母：将一对圆螺母从轴上端安装到轴上，锁紧整个库座。选择工具：钩头扳手。

2)安装刀架部分

(8)导杆座：将导杆座安装到托架上，利用内六角螺丝锁紧固定。选择工具：内六角扳手。

(9)库座：将安装好的整个库座安装到导轨座上，并用内六角螺丝将导轨固定在导轨座上。选择工具：内六角扳手。

(10)挡铁座：将挡铁座利用内六角螺丝固定在刀架上。选择工具：活络扳手。

3)安装油缸传动部分

(11)连接座：将连接座利用内六角螺丝安装到库座上。选择工具：内六角扳手。

(12)气缸；将气缸安装到托架上，利用外六角螺丝锁紧固定。选择工具：活络扳手。

4)安装主动电机部分

(13)机座板：将机座板安装到库座的下端轴承座圈上，并用内六角螺丝锁紧固定。选择工具：内六角扳手。

(14)电机：将电机安装到机座板上，并用内六角螺丝固定。选择工具：内六角扳手。

(15)拐盘：将拐盘从机座板下端安装到电机座上，用M6×12螺钉与电机轴进行定位固定。选择工具：螺丝刀。

(16)拐销：将拐销从拐盘的拐销洞至上而下装入拐销孔中。选择工具：活络扳手。

(17)滚轮：将滚轮从拐销的下端安装到拐销上。

(18)螺盖：将螺盖从拐销的下端安装到拐销上，利用一字螺丝将螺盖锁紧在拐销上，并将滚轮固定在拐销上。选择工具：螺丝刀。

(19)发信体：将发信体安装到开关架上。选择工具：内六角扳手。

5)安装刀盘部分

(20)库盘：将库盘利用内六角螺丝安装到轴上，并锁紧。选择工具：内六角扳手。

(21)刀柄座：利用内六角螺丝将刀柄座安装到库盘上。选择工具：内六角扳手。

(22)压杆：利用螺栓将压杆安装到库盘上。选择工具：活络扳手。

(23)压头：利用米制螺栓将压头安装到库盘上。选择工具：内六角扳手。

(24)弹簧：将压杆的弹簧装置安装到压杆上。

(25)刀罩：安装刀罩。选择工具：内六角扳手。

7. 自动安装　将页面转至自动安装界面。

1.2　CK7136数控车床

CK7136数控车床仿真包含数控车床结构、主轴箱、尾架、托板和刀塔五部分，如图1.2-1所示。

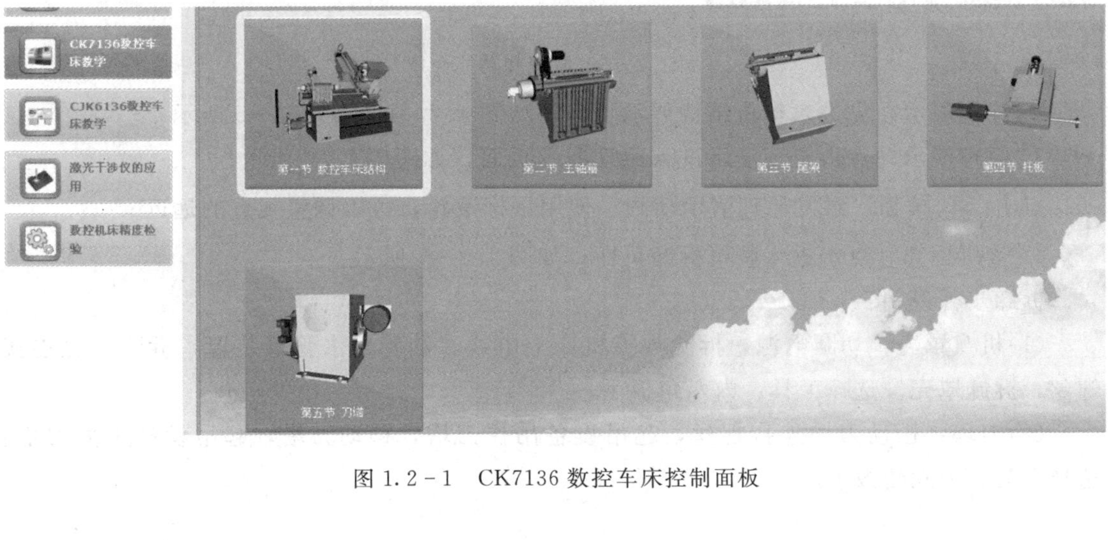

图1.2-1　CK7136数控车床控制面板

1.2.1 数控车床结构

数控车床结构仿真包含概述、结构展示、原理演示、整机拆卸、自动拆卸、整机安装、自动安装七部分，如图 1.2-2 所示。

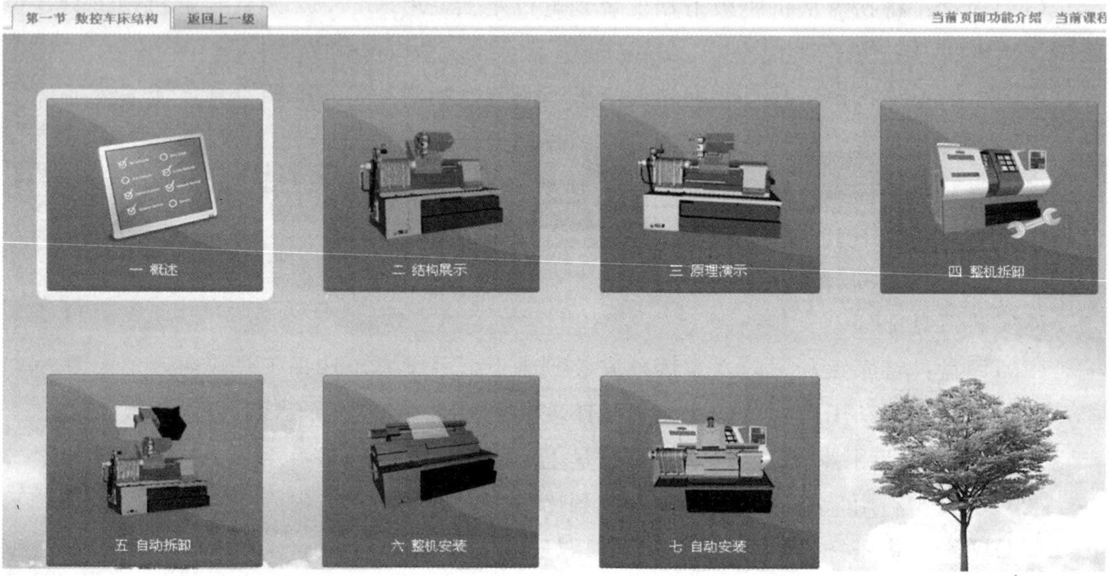

图 1.2-2 数控车床结构控制面板

1. 概述 包含原理介绍和功能介绍两部分，如图 1.2-3 所示。

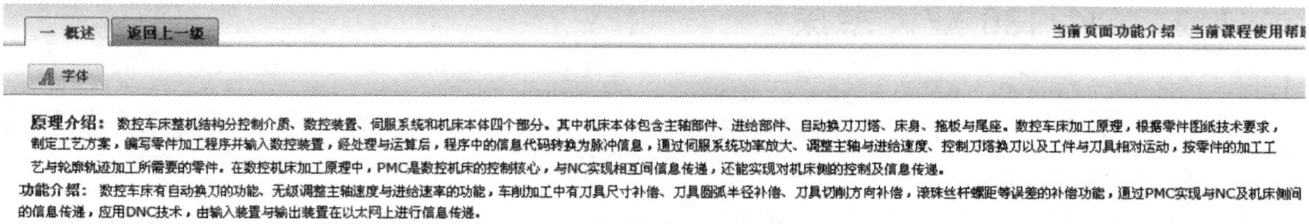

图 1.2-3 原理和功能介绍

2. 结构展示 先进入整机结构展示页面，如图 1.2-4 和图 1.2-5 所示。

3. 原理演示 点击原理演示进入原理演示页面，如图 1.2-6 所示。

点击 播放 按钮，触发原理演示动画。使用鼠标滚轮，可以调整视点的远近。

4. 整机拆卸 点击进入整机拆卸页面，如图 1.2-7 所示。

拆卸步骤说明：

(1)机身罩壳：切断电源，拆除数控机床上电线、油管、水管等装置，拆除罩壳连接螺丝，拆卸罩壳。选择工具：内六角扳手。

(2)刀塔：松动刀塔连接螺丝，起吊设备吊住刀塔，移动刀塔，起吊设备吊离刀塔。选择工具：内六角扳手。

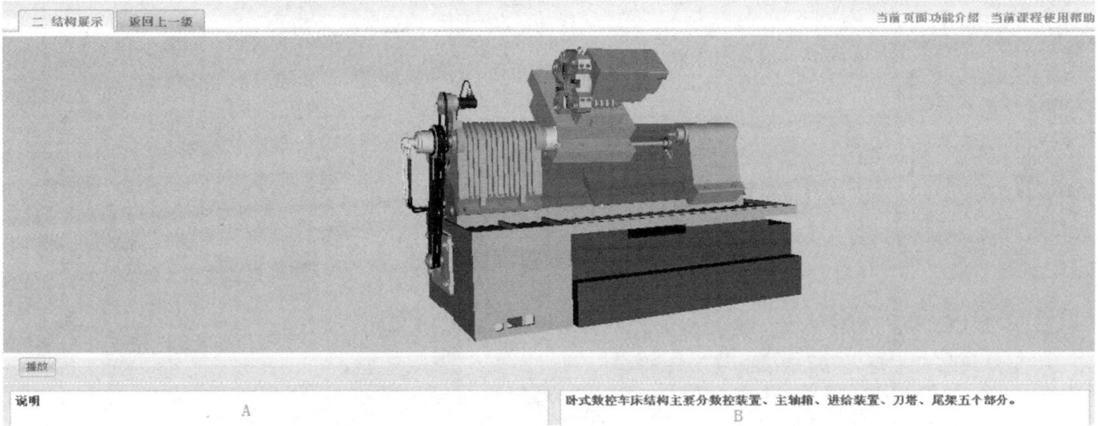

图 1.2－4　结构展示(一)

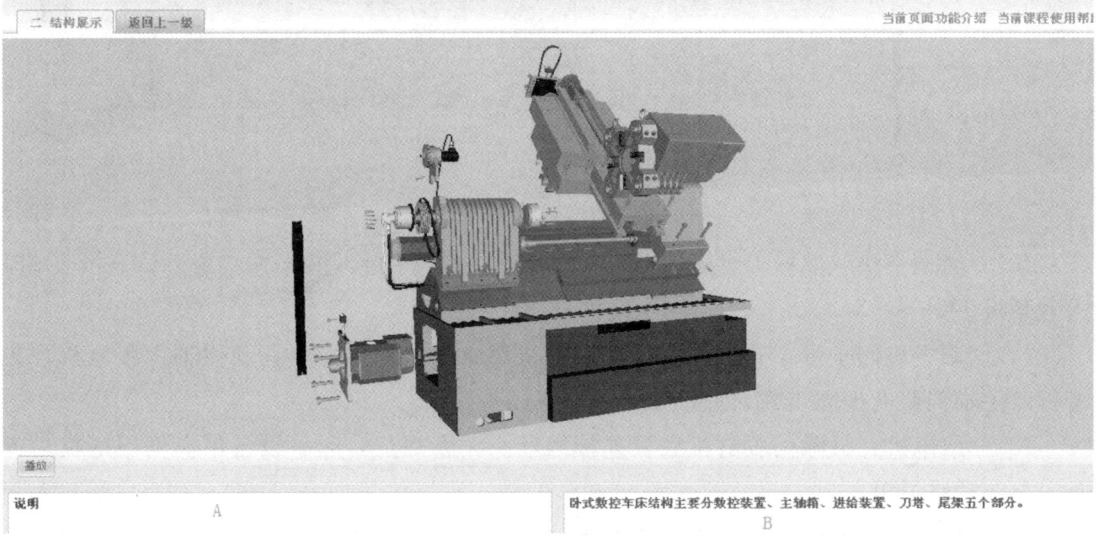

图 1.2－5　结构展示(二)

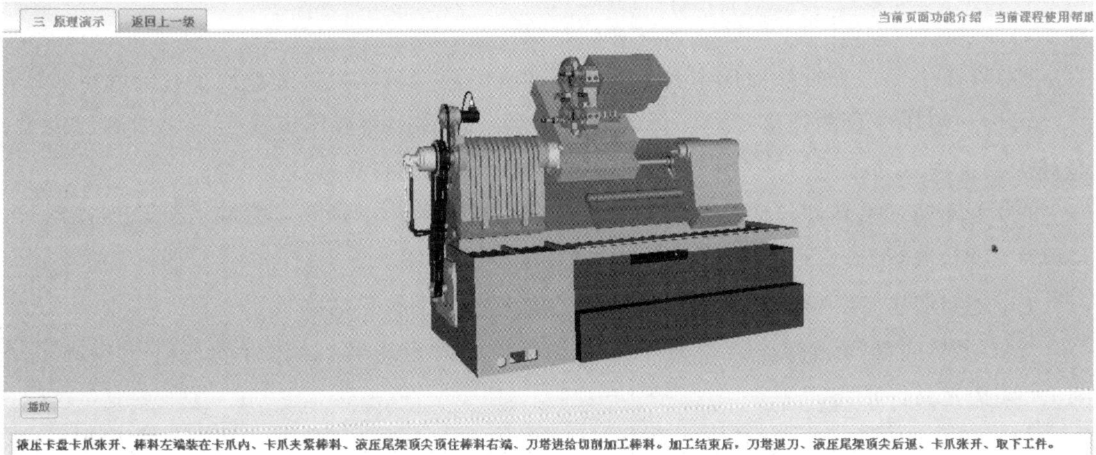

图 1.2－6　原理演示

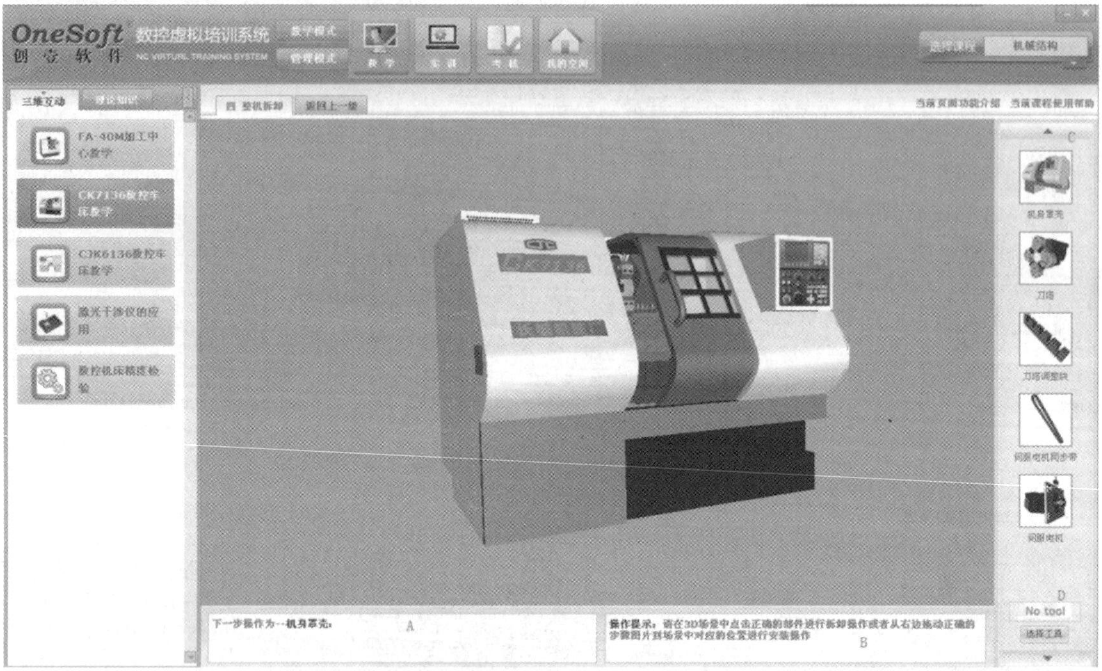

图 1.2-7　整机拆卸

(3)刀塔调整块：取掉刀塔调整块(调整刀塔高度作用)，拆除连接螺丝。选择工具：内六角扳手。

(4)伺服电机同步带：先松动主轴伺服电机底座连接螺丝，再移动主轴伺服电机，接着拆除主轴伺服电机同步带。选择工具：活络扳手。

(5)伺服电机：拆除伺服电机底板连接螺丝及调整螺丝，起吊设备吊离伺服电机。选择工具：活络扳手。

(6)编码器：先松动主轴编码器连接板的连接螺丝，移动编码器连接板，拆卸编码器的同步带，拆除编码器连接板的连接螺丝，拆卸主轴编码器与连接板。选择工具：活络扳手。

(7)液压卡盘：先拆除液压卡盘后面液压油缸的连接螺丝，拆卸液压卡盘的液压油缸，

再拆除液压卡盘的连接螺丝，拆卸液压卡盘，最后拆卸液压卡盘与液压油缸连接管。选择工具：内六角扳手。

(8)主轴箱：吊环螺栓固定在主轴箱上，起吊设备吊住主轴箱，拆除主轴箱连接螺丝，移动主轴箱，起吊设备吊离主轴箱。选择工具：活络扳手。

(9)尾架液压管：拆卸尾架液压油缸的油管。选择工具：活络扳手。

(10)尾架底部压板螺丝：松开尾架底部压板的固定螺丝(通过导轨底部压板固定尾架)。选择工具：活络扳手。

(11)尾架侧面压板：松开尾架侧面压板的固定螺丝(通过导轨侧面压板固定尾架)，拆卸尾架侧面压板。选择工具：活络扳手。

(12)尾架斜镶条：拆尾架斜镶条两端的调整螺丝，拆卸尾架斜镶条。选择工具：螺丝刀。

(13)尾架：拆除尾架底部压板的固定螺丝，拆卸尾架底部压板，吊环螺丝固定在尾架上，用起吊设备吊离尾架。选择工具：活络扳手。

(14)中拖板压板螺丝：松动中拖板的压板螺丝。选择工具：内六角扳手。

(15)中拖板斜镶条：拆除中拖板斜镶条两端的调整螺丝，拆卸中拖板斜镶条。选择工具：螺丝刀。

(16)中拖板压板：拆除中拖板压板固定螺丝，拆卸中拖板压板。选择工具：内六角扳手。

(17)中拖板丝杆螺母螺丝：起吊设备吊住中拖板，拆除滚珠丝杆螺母和螺母座的连接螺丝。选择工具：内六角扳手。

(18)中拖板：起吊设备吊住中拖板，使滚珠丝杠螺母脱离螺母座，再吊离中拖板。

(19)大拖板螺母：拆除大拖板滚珠丝杆螺母与螺母座连接螺丝。选择工具：内六角扳手。

(20)大拖板压板螺丝：松动大拖板下面的压板螺丝。选择工具：内六角扳手。

(21)大拖板斜镶条：拆除大拖板斜镶条两端的调整螺丝，拆卸大拖板斜镶条。选择工具：螺丝刀。

(22)大拖板压板：拆除大拖板压板固定螺丝，拆卸大拖板压板。选择工具：内六角扳手。

(23)大拖板：起吊设备吊住大拖板，使滚珠丝杆螺母脱离螺母座后，吊离大拖板。

5. 自动拆卸　将页面转至自动拆卸界面：

点击“播放”按钮，自动演示整机拆卸的全过程。

点击“缩放”按钮，可放大或缩小画面，调整视点的远近。

点击“观察”按钮，旋转观察场景中的模型。同时键盘的上、下、左、右键也可以旋转模型进行观察。

点击“平移”按钮，移动场景中的模型。

点击“自适应”按钮，调整场景中模型的位置使其最适合观察。

6. 整机安装　点击“整机安装”进入整机安装页面，如图 1.2－8 所示。

安装步骤说明：

(1)大拖板：大拖板滚珠丝杆螺母安装在滚珠丝杆上，滚珠丝杆二端通过轴承座固定在床身上，Z 方向运动的伺服电机连接在滚珠丝杆的左端，大拖板吊装在机床的床身上。

(2)大拖板压板：安装大拖板压板，拧上螺丝(不要拧紧)。选择工具：内六角扳手。

(3)大拖板斜镶条：安装大拖板斜镶条，拧紧二端螺丝。选择工具：螺丝刀。

(4)大拖板压板螺丝：拧紧大拖板压板螺丝，拆除起吊环。选择工具：内六角扳手。

(5)大拖板丝杆螺母：将大拖板丝杆螺母套在螺母座上，拧紧螺母连接螺丝。选择工具：螺丝刀。

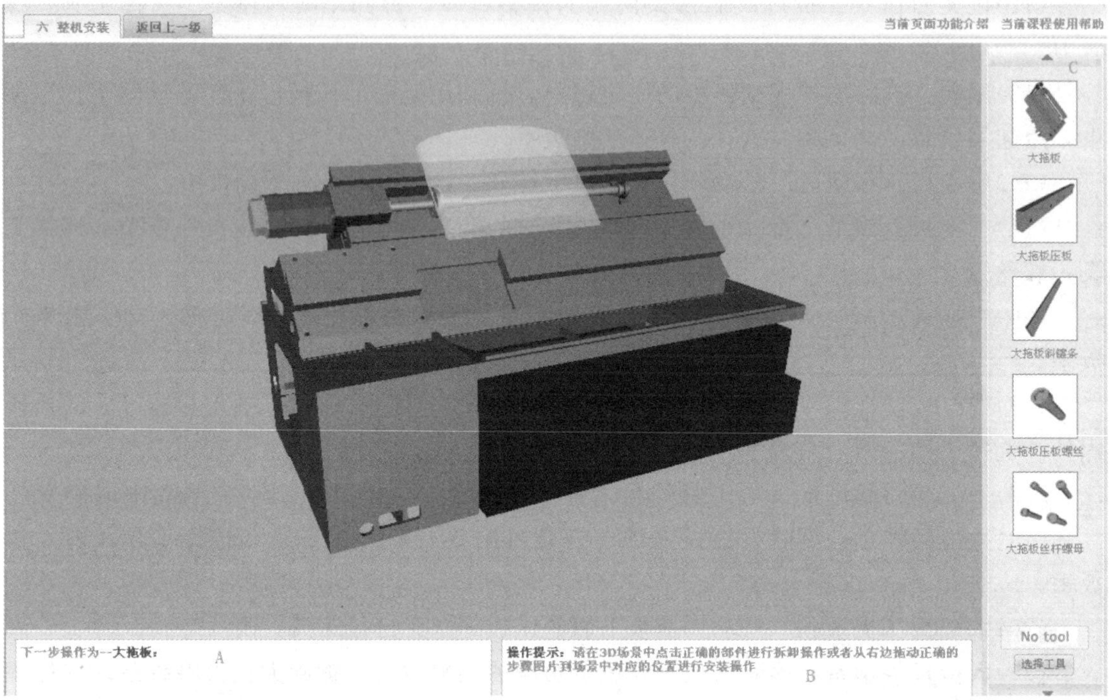

图 1.2－8　整机安装

(6)中拖板：吊装中拖板，放在中拖板导轨上。

(7)中拖板丝杆螺母：将中拖板丝杆螺母套在螺母座上，拧紧螺母座连接螺丝。选择工具：螺丝刀。

(8)中拖板压板：在中拖板二侧安装压板，拧紧连接螺丝。选择工具：内六角扳手。

(9)中拖板斜镶条：安装中拖板斜镶条，拧紧二端螺丝。选择工具：螺丝刀。

(10)中拖板压板螺丝：拧紧中拖板二侧压板螺丝，拆除起吊环。选择工具：内六角扳手。

(11)尾架：吊装尾架放在尾架导轨上，安装尾架底部压板，拧上压板连接螺丝(不要拧紧)。选择工具：活络扳手。

(12)尾架斜镶条：安装尾架斜镶条，拧紧二端螺丝。选择工具：螺丝刀。

(13)尾架侧面压板：安装尾架侧面压板，拧紧侧面压板连接螺丝。选择工具：活络扳手。

(14)尾架底部压板：拧紧尾架底部压板连接螺丝，拆除起吊环。选择工具：活络扳手。

(15)尾架液压管：安装尾架液压管，拧紧连接螺丝。选择工具：活络扳手。

(16)主轴箱：吊装主轴箱放在主轴箱导轨上，前、后二侧拧上连接螺丝(不要拧紧)。选择工具：活络扳手。

(17)液压卡盘：先安装液压连接管，后安装液压卡盘，拧紧连接螺丝，最后安装液压缸，拧紧连接螺丝。选择工具：内六角扳手。

(18)编码器：安装编码器与连接板，拧上连接螺丝，安装与调整同步带中心距后，拧紧连接螺丝。选择工具：活络扳手。

(19)伺服电机：安装伺服电机与连接板，拧上连接板连接螺丝，再拧上调整杆支座连接螺丝。选择工具：活络扳手。

(20)伺服电机皮带：安装伺服电机皮带，通过调整杆调整同步带中心距，拧紧伺服电机连接板连接螺丝。选择工具：活络扳手。

(21)刀塔调整垫：拧上刀塔连接螺丝，安放刀塔调整垫。选择工具：内六角扳手。

(22)刀塔：吊起刀塔放在安装位置上，拧紧刀塔连接螺丝，拆除起吊环。选择工具：内六角扳手。

(23)床身罩壳：分别安装床身各部分罩壳，分别拧紧床身各部分罩壳连接螺丝。选择工具：内六角扳手。

7. 自动安装　将页面转至自动安装界面。

1.2.2　主轴箱

主轴箱仿真包含概述、结构展示、原理演示、主轴拆卸、自动拆卸、主轴安装、自动安装等七部分，如图 1.2－9 所示。

1. 概述　主轴箱的原理及功能介绍，如图 1.2－10 所示。

2. 结构展示　点击“结构展示”，进入主轴箱结构展示页面，如图 1.2－11 所示。

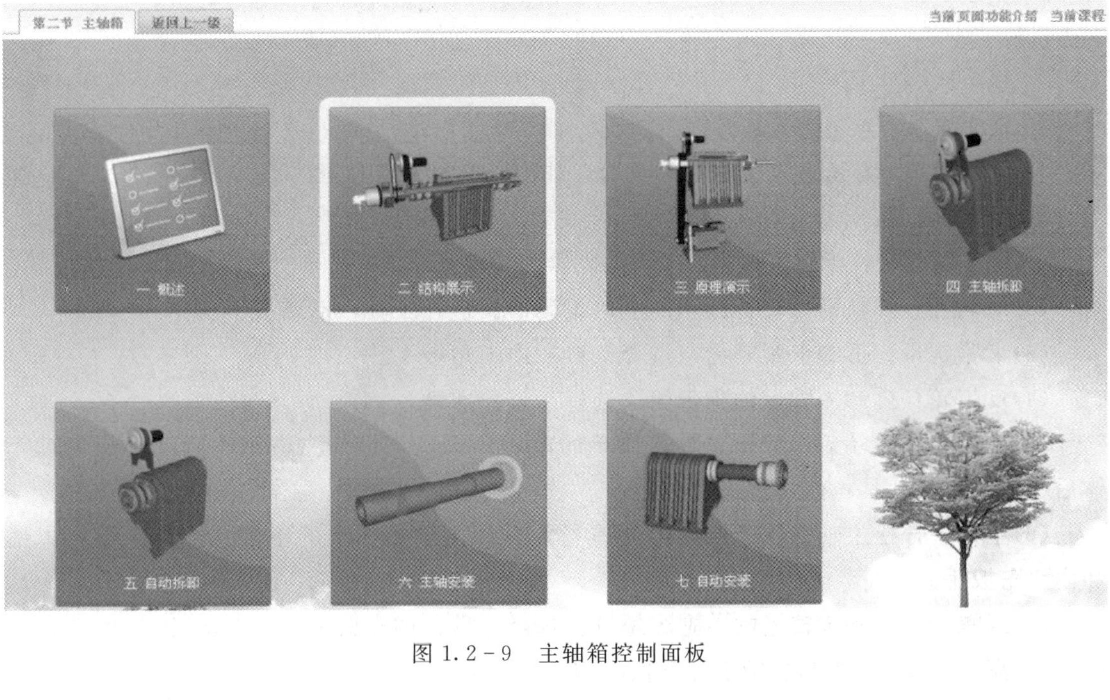

图 1.2－9　主轴箱控制面板

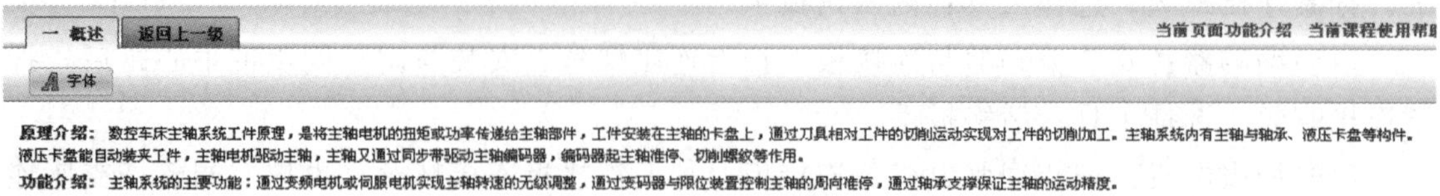

图 1.2-10　主轴箱原理及功能介绍

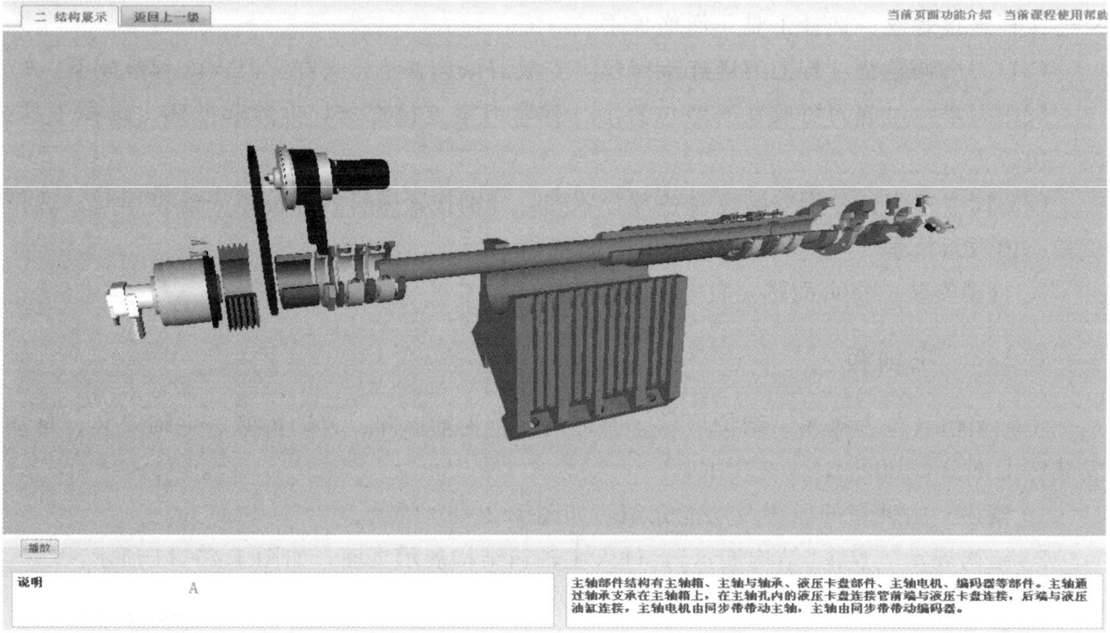

图 1.2-11　结构展示

3. 原理演示　点击进入原理演示页面，如图 1.2-12 所示。

4. 主轴拆卸　点击进入主轴拆卸页面，如图 1.2-13 所示。

拆卸步骤说明：

(1)同步带皮带：拆卸主轴皮带轮与编码器皮带轮上同步带皮带。选择工具：活络扳手。

(2)编码器：拧松螺丝，拆卸箱体上的编码器。选择工具：活络扳手。

(3)卡紧螺母：拆卸卡紧螺母。选择工具：内六角扳手。

(4)皮带轮：拆卸主轴上的皮带轮。选择工具：木锤。

(5)主轴箱体后端盖：拧松主轴箱体上的内六角螺丝，拆卸主轴箱体后端上的主轴箱体后端盖。选择工具：内六角扳手。

(6)主轴：拧松主轴箱体上的内六角螺丝，拆卸主轴箱体上的主轴。选择工具：木锤和内六角扳手。

(7)圆螺母：拆卸主轴上的一副圆螺母。选择工具：钩头扳手。

(8)高低隔圈 a：拆卸主轴上的高低隔圈 a。

(9)角接触球轴承 a：拆卸角接触球轴承 a。选择工具：轴承专用工具。

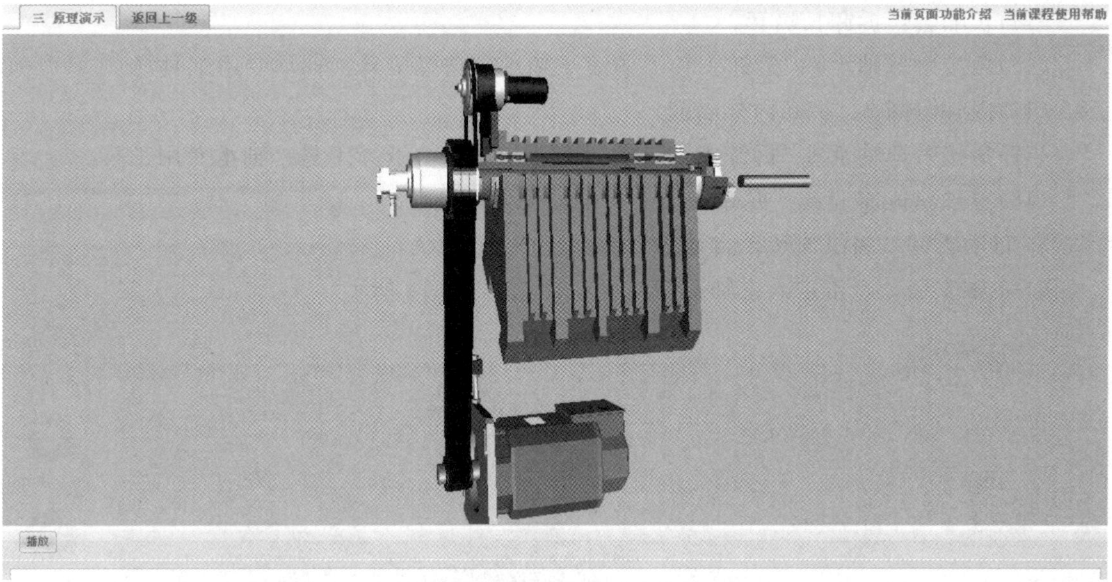

图 1.2－12　原理演示

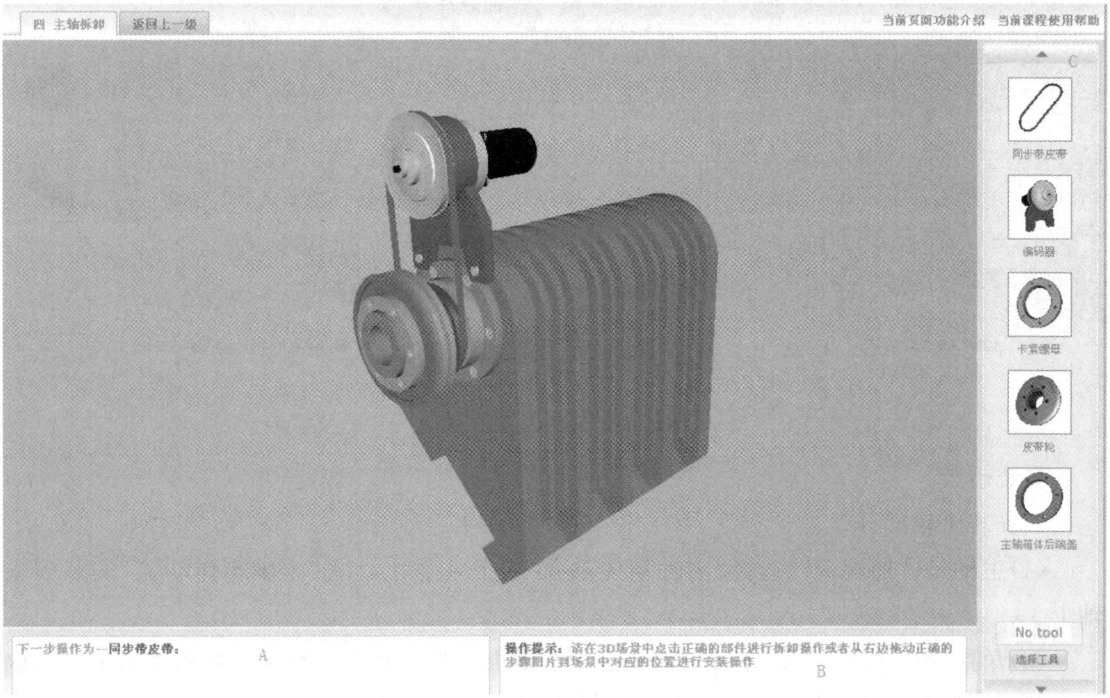

图 1.2－13　主轴拆卸

(10)内外隔圈 a：拆卸内外隔圈 a。

(11)角接触球轴承 b：拆卸角接触球轴承 b。选择工具：轴承专用工具。

(12)高低隔圈 b：拆卸主轴上的高低隔圈 b。

(13)外隔圈：拆卸套筒上的外隔圈。

(14)长隔套：拆卸长隔套。

(15)角接触球轴承 c：拆卸主轴上的滚子轴承。选择工具：轴承专用工具。

(16)内外隔圈 b：拆卸内外隔圈。

(17)角接触球轴承 d：拆卸主轴上的一对滚子轴承。选择工具：轴承专用工具。

(18)主轴箱体前端盖：拆卸主轴上的主轴箱体前端盖。

5. 自动拆卸　将页面转至自动拆卸界面。

6. 主轴安装　点击进入主轴安装页面，如图 1.2－14 所示。

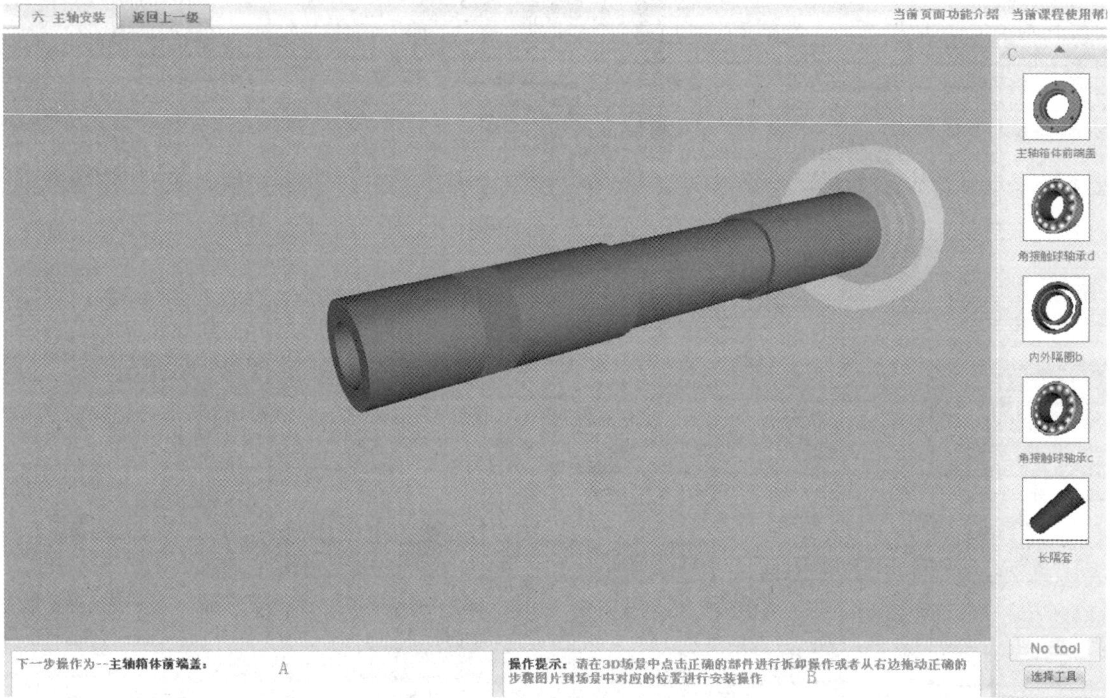

图 1.2－14　主轴安装

安装步骤：

1)安装主轴部分

(1)主轴箱体前端盖：选择“主轴箱体端盖”拖到主轴上，将“主轴箱体端盖”安装到主轴上。

(2)角接触球轴承 d：选择滚子轴承拖到主轴上，将一对滚子轴承安装到主轴上。采取预热装配，避免直接敲打。选择工具：轴承专用工具。

(3)内外隔圈 b：选择内外隔圈 b 拖到主轴上，将内外隔圈 b 安装到主轴上。

(4)角接触球轴承 c：选择滚子轴承拖到主轴上，将滚子轴承安装到主轴上。选择工具：轴承专用工具。

(5)长隔套：选择长隔套拖到主轴上，将长隔套安装到主轴上。

(6)外隔圈：选择外隔圈拖到套筒上，将外隔圈从套筒上装到主轴上。

(7)高低隔圈 b：选择高低隔圈 b 拖到主轴上，将高低隔圈 b 安装到主轴上。

(8)角接触球轴承 b：选择角接触轴承拖到主轴上，将一对角接触球轴承安装到主轴上。采取预热装配，避免直接敲打。选择工具：轴承专用工具。

(9)内外隔圈 a：选择内外隔圈 a 拖到主轴上，将内外隔圈安装到主轴上。

(10)角接触球轴承 a：选择角接触轴承拖到主轴上，将一对角接触球轴承安装到主轴上。采取预热装配，避免直接敲打。选择工具：轴承专用工具。

(11)高低隔圈 a：选择高低隔圈拖到主轴上，将高低隔圈安装到主轴上。

(12)圆螺母：选择圆螺母拖到主轴上，利用钩头扳手将副圆螺母安装到主轴上。选择工具：钩头扳手。

(13)主轴：选择主轴拖到箱体的前端上，将安装好的主轴整体，从主轴箱体的前端小心装入，并且用内六角螺丝固定在主轴箱体上。选择工具：木锤和内六角扳手。

(14)主轴箱体后端盖：选择主轴箱体后端盖拖到主轴箱体后端上，利用内六角螺丝固定在主轴箱体上。选择工具：内六角扳手。

(15)皮带轮：选择皮带轮拖到主轴上，将皮带轮从主轴的后端安装到主轴上，并且用卡紧螺母进行紧固。选择工具：木锤。

2)安装编码器

(16)卡紧螺母：安装卡紧螺母。选择工具：内六角扳手。

(17)编码器：选择编码器拖到主轴后端上，将编码器安装到箱体上，用螺丝固定但不锁紧。此时固定编码器的螺丝不需要锁紧，只需要稍微的固定，方便后面上皮带。选择工具：活络扳手。

(18)同步带皮带：选择皮带拖到编码器或者主轴皮带轮的同步带轮上，将同步带皮带上到主轴的皮带轮与编码器皮带轮上；并调整编码器位置。用螺丝锁紧。应选择相应的皮带，不能选过长的或过短的皮带。选择工具：活络扳手。

7. 自动安装　将页面转至自动安装界面：

点击“播放”按钮，自动演示整机拆卸的全过程。

点击“缩放”按钮，可放大或缩小画面，调整视点的远近。

点击“观察”按钮，旋转观察场景中的模型。同时键盘的上、下、左、右键也可以旋转模型进行观察。

点击“平移”按钮，移动场景中的模型。

点击“自适应”按钮，调整场景中模型的位置使其最适合观察。

1.2.3 尾架

尾架仿真包含概述、结构展示、原理演示、尾架拆卸、自动拆卸、尾架安装、自动安装等七部分，如图 1.2－15 所示。

1. 概述　原理及功能的介绍，如图 1.2－16 所示。

2. 结构展示　进入尾架结构展示页面，如图 1.2－17 所示。

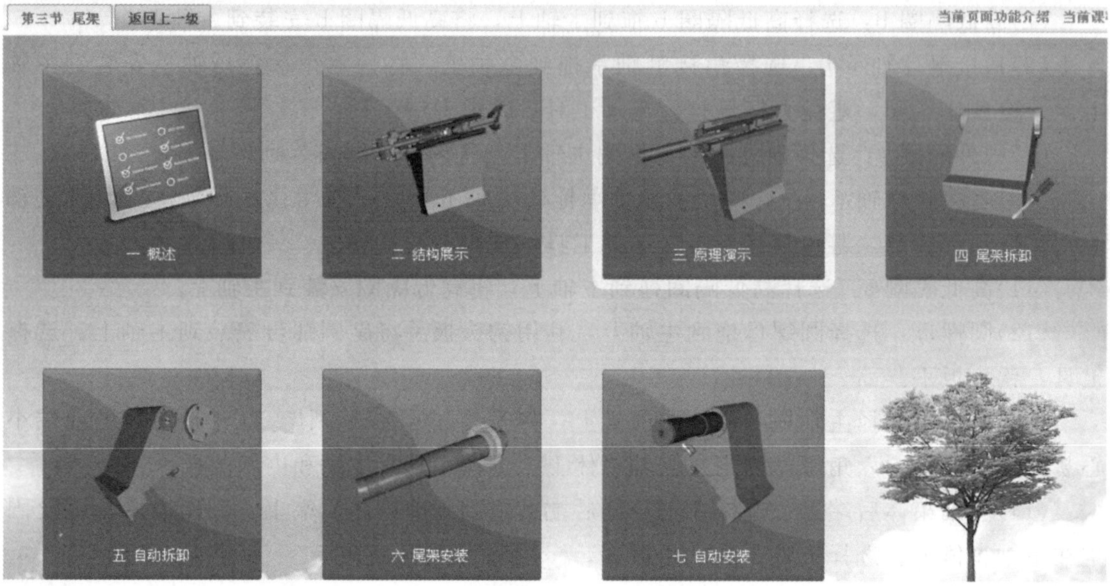

图 1.2－15 尾架控制面板

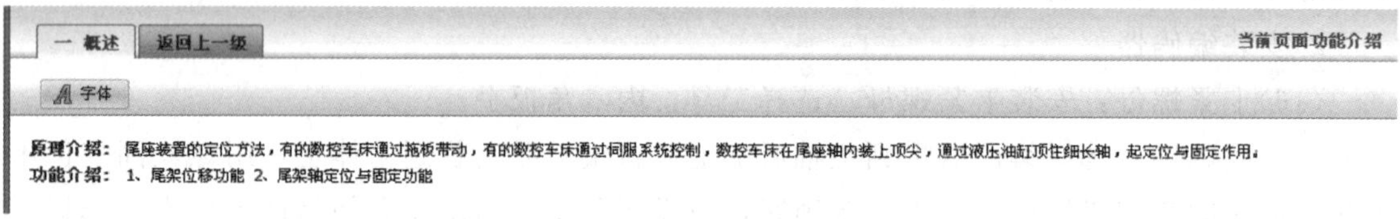

图 1.2－16 尾架原理及功能介绍

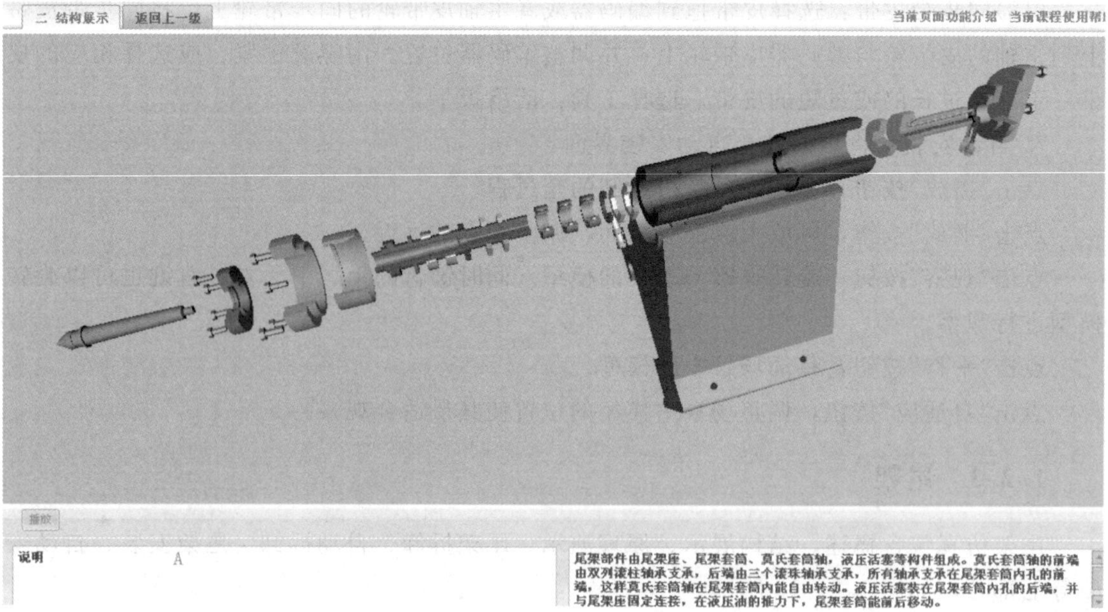

图 1.2－17 结构展示

3. 原理演示　点击进入原理演示页面，如图 1.2－18 所示。

4. 尾架拆卸　点击进入尾架拆卸页面，如图 1.2－19 所示。

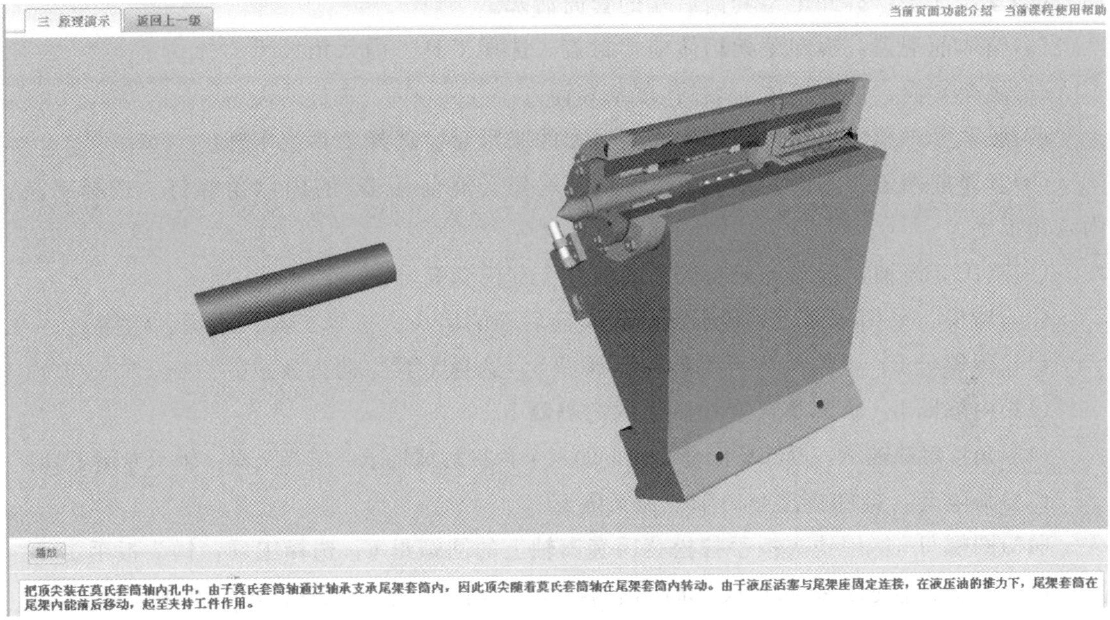

图 1.2－18　原理演示

图 1.2－19　尾架拆卸

拆卸步骤说明：

(1)油管接头：拆卸尾架后端的油管接头。选择工具：活络扳手。

(2)箱体后端盖：拆卸尾架箱体上的尾架箱体后端盖。选择工具：内六角扳手。

(3)套筒后端盖：拆卸上密封圈的套筒后端盖。选择工具：内六角扳手。

(4)套筒活塞：拆卸尾架套筒后端的套筒活塞。

(5)箱体前端盖：拆卸尾架箱体前端封盖。选择工具：内六角扳手。

(6)尾架套筒：拆卸箱体前端的“尾架套筒”。

(7)胀紧套：利用木锤拆卸尾架套筒上面的胀紧套。选择工具：木锤。

(8)套筒前端盖：利用内六角扳手拧松“尾架套筒前端盖”的内六角螺钉。选择工具：内六角扳手。

(9)莫氏套筒轴：拆卸尾架套筒前端的整个莫氏套筒轴。

(10)堵头：采用木锤、铝棒拆卸尾架套筒后端的堵头。选择工具：木锤、铝棒。

(11)圆螺母 b：采用钩头扳手拆卸圆螺母 b。选择工具：钩头扳手。

(12)内隔圈 b：拆卸莫氏套筒轴上的内隔圈 b。

(13)角接触球轴承：拆卸莫氏套筒轴上的三个角接触球轴承。选择工具：轴承专用工具。

(14)长隔套：拆卸莫氏套筒轴上的长隔套。

(15)圆螺母 a：用钩头扳手拧松莫氏套筒轴上的圆螺母 a。选择工具：钩头扳手。

(16)双滚柱轴承：拆卸莫氏套筒轴上的双滚柱轴承。选择工具：轴承专用工具。

(17)内隔圈 a：拆卸莫氏套筒轴上的内隔圈 a。

5. 自动拆卸　将页面转至自动拆卸界面。

6. 尾架安装　尾架安装的展示页面如图 1.2－20 所示。

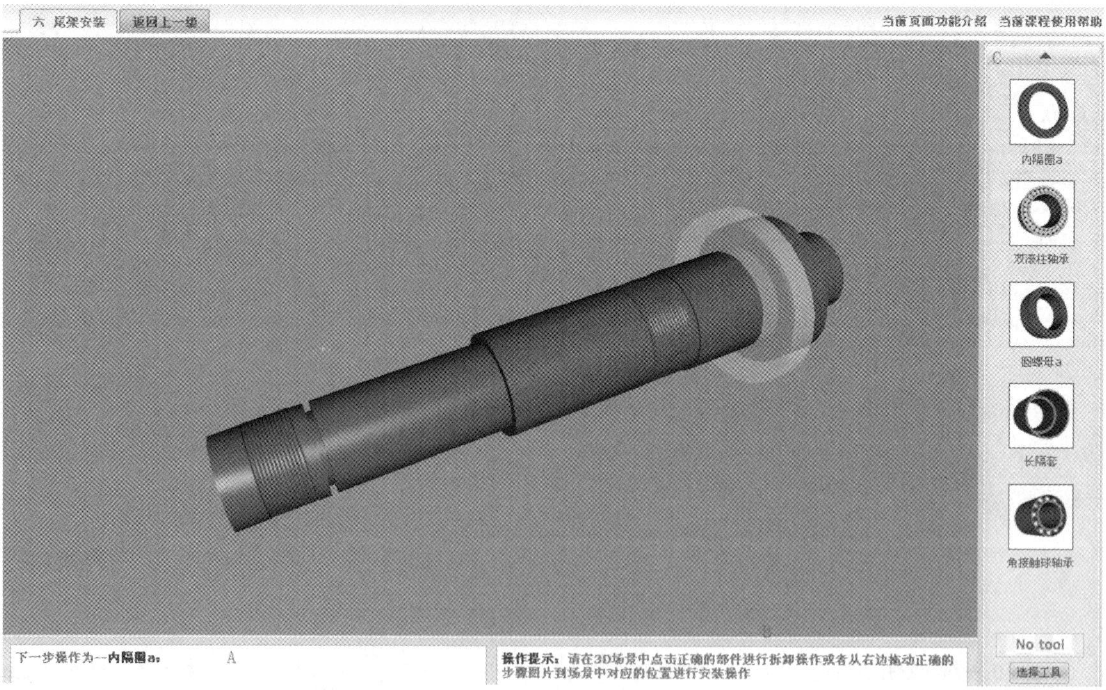

图 1.2－20　尾架安装

安装步骤说明：

1)安装莫氏套筒轴部分

(1)内隔圈 a：选中内隔圈 a，拖到莫氏套筒轴上，装入内隔圈 a。

(2)双滚柱轴承：选中双滚柱轴承，拖到莫氏套筒轴上，装入双滚柱轴承。注意事项：采用预热装配。选择工具：轴承专用工具。

(3)圆螺母 a：选中圆螺母 a，拖到莫氏套筒轴上，装入一对圆螺母进行固定。选择工具：钩头扳手。

(4)长隔套：选中长隔套，拖到莫氏套筒轴上，装入长隔套。

(5)角接触球轴承：选中角接触球轴承，拖到莫氏套筒轴上，装入三个角接触球轴承。注意事项：采用预热装配。选择工具：轴承专用工具。

(6)内隔圈 b：选中内隔圈 b，拖到莫氏套筒轴上，装入内隔圈 b。选择工具：轴承的专用工具。

(7)圆螺母 b：选中圆螺母 b，拖到莫氏套筒轴上，装入圆螺母 b。选择工具：钩头扳手。

(8)堵头：选堵头，将堵头从尾架套筒后端装入，采用木锤铝棒进行压紧。选择工具：木锤、铝棒。

(9)莫氏套筒轴：选中莫氏套筒轴，将莫氏套筒轴拖到尾架套筒前端，将安装好的整个莫氏套筒轴，从尾架套筒前端小心装入。注意事项：套筒外壁涂薄层机油。

(10)套筒前端盖：选中“莫氏套筒轴”，将“尾架套筒前端盖”装到“尾架套筒”上，用内六角螺钉将“尾架套筒前端盖”进行固定。选择工具：内六角扳手。

2)安装尾架套筒部分

(11)胀紧套：选中“胀紧套”，将“胀紧套”拖到“尾架套筒”上，将“胀紧套”装在尾架套筒上面。选择工具：木锤。

(12)尾架套筒：选中“尾架套筒”，将“尾架套筒”拖到箱体前端，将整个“尾架套筒”从尾架箱体的前端进行装入。注意事项：套筒外壁涂薄层机油。

(13)箱体前端盖：选中箱体前端盖，将箱体前端盖拖到箱体前端，将尾架箱体前端封盖用内六角螺钉安装到尾架上，使得尾架套筒被封装在箱体里。选择工具：内六角扳手。

3)安装活塞部分

(14)套筒活塞：选中套筒活塞，拖到尾架套筒后端上，将上好密封圈的套筒活塞从“尾架套筒”后端装入。选择工具：木锤。

(15)套筒后端盖：选中尾架套筒后端盖，拖到尾架套筒后端上，将上密封圈的套筒后端盖用内六角螺钉安装到套筒上，使得套筒被密封。选择工具：内六角扳手。

(16)箱体后端盖：选中箱体后端盖，拖到尾架后端上；将尾架箱体后端盖安装到尾架箱体上(需要对应好出油口的位置，加上 O 形密封圈)。选择工具：内六角扳手。

(17)油管接头：选中油管接头，拖到尾架后端盖上；使用活络扳手将尾架油管接头装到尾架的后端盖上。选择工具：活络扳手。

7. 自动安装　将页面转至自动安装界面。

1.2.4 拖板

拖板仿真包含概述、结构展示、原理演示、拖板拆卸、自动拆卸、拖板安装、自动安装等七部分，如图 1.2－21 所示。

1. 概述　拖板的原理和功能介绍，如图 1.2－22 所示。

2. 结构展示　结构展示页面如图 1.2－23 所示。

3. 原理演示　原理演示页面如图 1.2－24 所示。

4. 拖板拆卸　进入拖板拆卸页面，如图 1.2－25 所示。

拆卸步骤说明：

(1)中拖板限位开关：拆卸中拖板限位开关与挡块，起吊设备吊住中拖板。选择工具：内六角扳手。

(2)中拖板压板螺丝：拧松中拖板压板螺丝。选择工具：内六角扳手。

(3)中拖板斜塞铁：拆除中拖板斜塞铁二端固定螺丝，拆卸中拖板斜塞铁。选择工具：螺丝刀。

(4)中拖板压板：拆除中拖板压板螺丝，拆卸中拖板压板。选择工具：内六角扳手。

(5)中拖板螺母：拆除中拖板螺母连接螺丝。选择工具：内六角扳手。

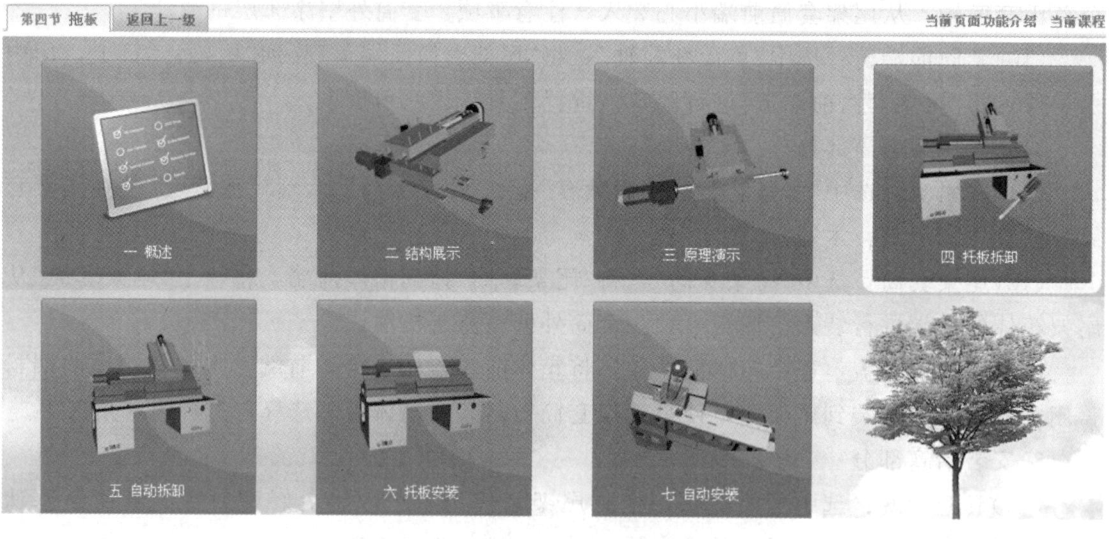

图 1.2－21　拖板控制面板

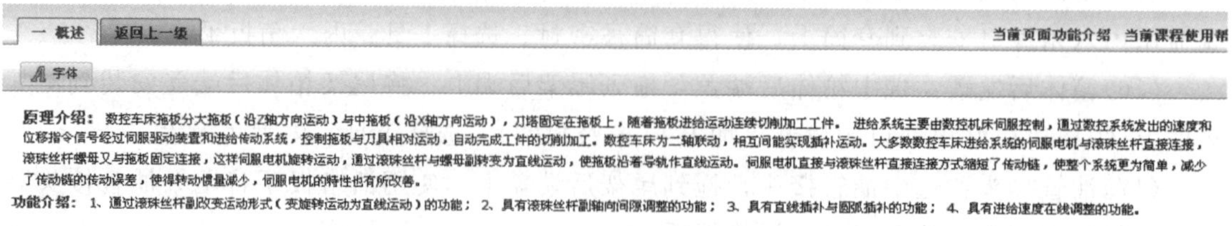

图 1.2－22　拖板的原理和功能介绍

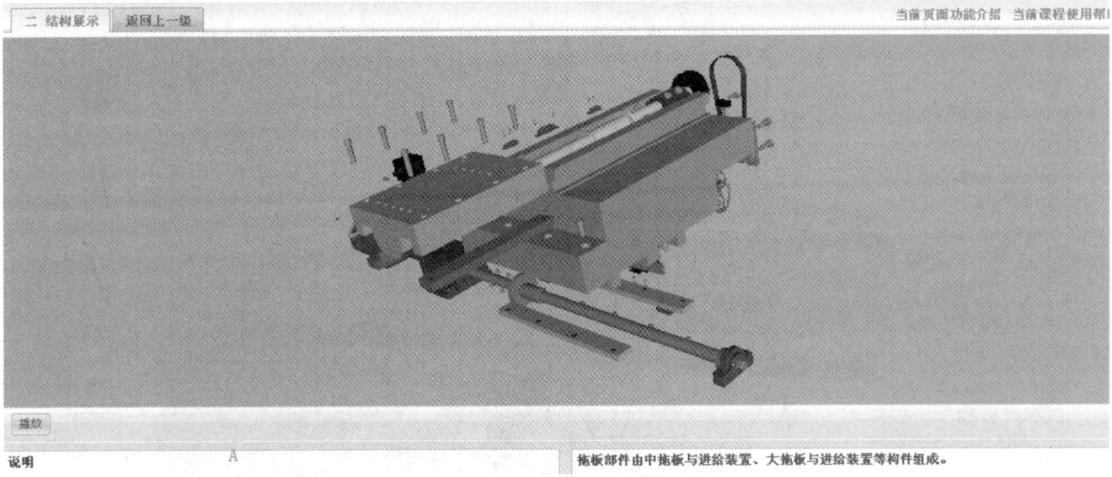

图 1.2-23 结构展示

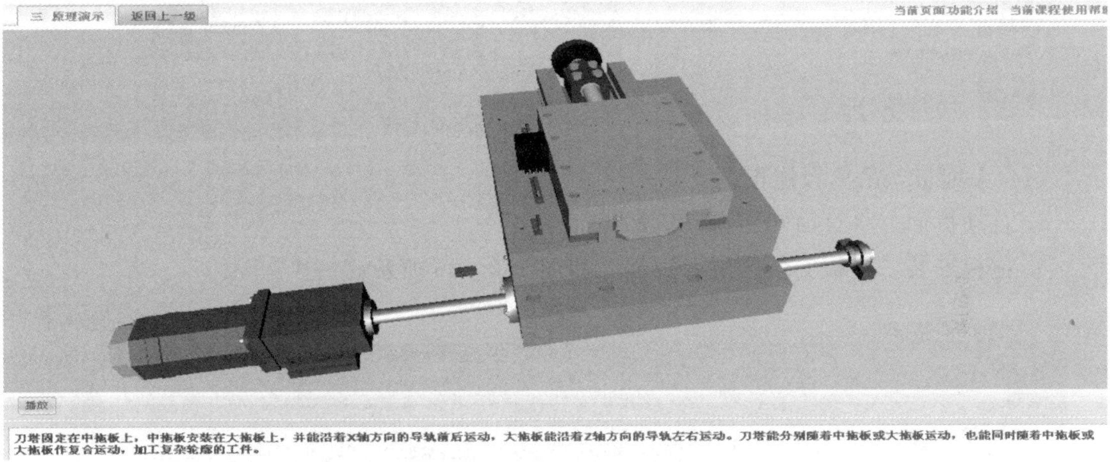

图 1.2-24 原理演示

(6)中拖板：起吊设备使中拖板螺母座沿丝杆轴线脱离丝杆，吊离中拖板。

(7)中拖板同步带：拧松中拖板伺服电机底板连接螺丝，松动底板，拆卸同步带。选择工具：内六角扳手。

(8)中拖板伺服电机：拆除中拖板伺服电机底板连接螺丝与调整座连接螺丝，拆卸伺服电机。选择工具：内六角扳手。

(9)大拖板限位开关：拆卸大拖板限位开关与挡块。选择工具：内六角扳手。

(10)大拖板螺母：拆除大拖板螺母连接螺丝，吊住大拖板。选择工具：内六角扳手。

(11)大拖板压板螺丝：拧松大拖板压板螺丝。选择工具：内六角扳手。

(12)大拖板斜塞铁：拆除大拖板斜塞铁二端的螺丝，拆卸大拖板斜塞铁。选择工具：螺丝刀。

(13)大拖板压板：拆除大拖板压板螺丝，拆卸大拖板压板。选择工具：内六角扳手。

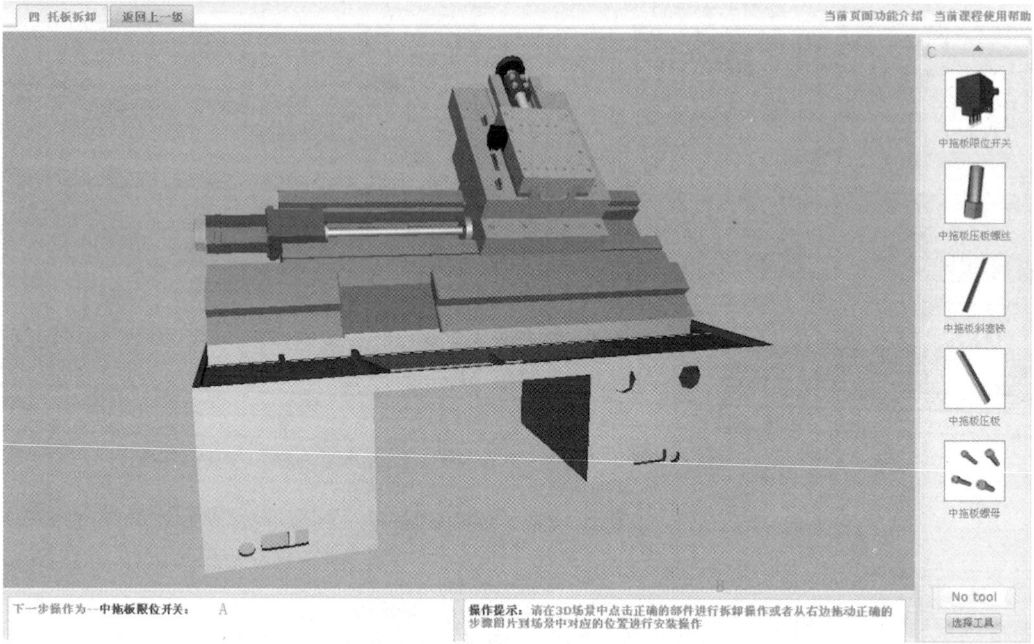

图 1.2－25　拖板拆卸

(14)大拖板：吊离大拖板。

5. 自动拆卸　将页面转至自动拆卸界面。

6. 拖板安装　拖板安装的展示页面，如图 1.2－26 所示。

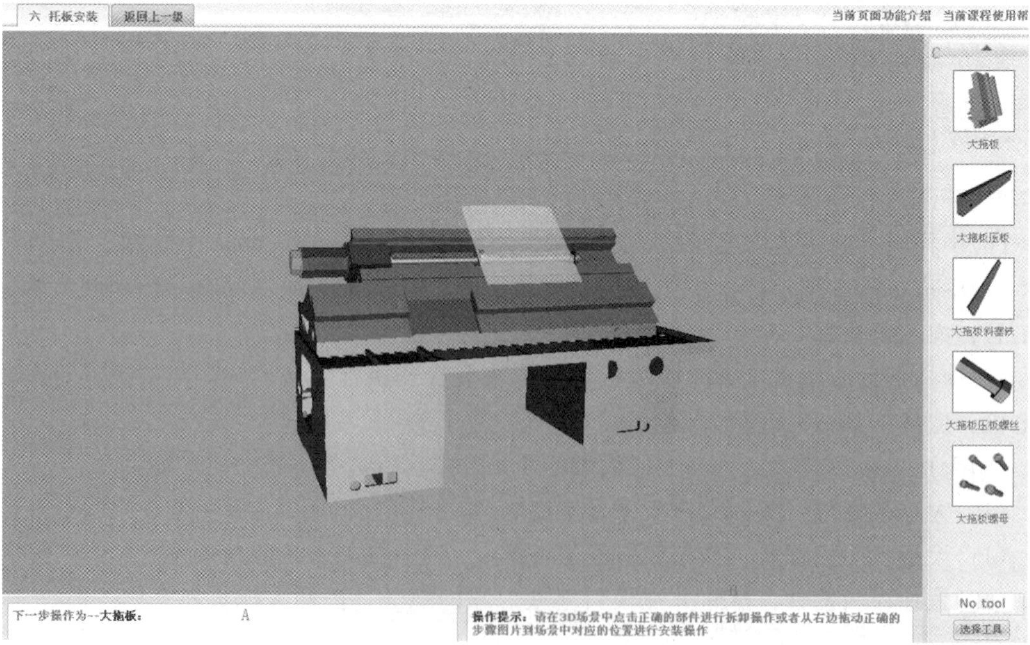

图 1.2－26　拖板安装

安装步骤说明：

(1)大拖板：吊入大拖板。选择工具：内六角扳手。

(2)大拖板压板：安装大拖板压板，拧紧大拖板压板螺丝。选择工具：内六角扳手。

(3)大拖板斜塞铁：安装大拖板斜塞铁，拧大拖板斜塞铁二端螺丝。选择工具：螺丝刀。

(4)大拖板压板螺丝：拧紧大拖板压板二端螺丝。选择工具：内六角扳手。

(5)大拖板螺母：拧紧大拖板螺母连接螺丝。选择工具：内六角扳手。

(6)大拖板限位开关：安装大拖板限位开关与挡块，拧紧连接螺丝。选工具：内六角扳手。

(7)中拖板伺服电机：安装伺服电机，拧中拖板伺服电机底板连接螺丝与调整座连接螺丝。选择工具：内六角扳手。

(8)中拖板同步带：放入同步带，拧紧中拖板伺服电机底板连接螺丝。选择工具：内六角扳手。

(9)中拖板：起吊设备使中拖板沿丝杆轴线放入丝杆。

(10)中拖板螺母：拧紧中拖板螺母连接螺丝。选择工具：内六角扳手。

(11)中拖板压板：放入中拖板压板，拧紧中拖板压板螺丝。选择工具：内六角扳手。

(12)中拖板斜塞铁：放入中拖板斜塞铁，拧中拖板斜塞铁二端固定螺丝。选择工具：螺丝刀。

(13)中拖板压板螺丝：拧紧中拖板压板螺丝。选择工具：内六角扳手。

(14)中拖板限位开关：安装限位开关与挡块。选择工具：内六角扳手。

7. 自动安装　将页面转至自动安装界面。

1.2.5　刀塔

刀塔仿真包含概述、结构展示、原理演示、刀塔拆卸、自动拆卸、刀塔安装、自动安装等七部分，如图 1.2－27 所示：

1. 概述　原理和功能介绍如图 1.2－28 所示。

2. 结构展示　结构展示页面如图 1.2－29 所示。

3. 原理演示　原理演示页面如图 1.2－30 所示。

4. 刀塔拆卸　进入刀塔拆卸页面，如图 1.2－31 所示。

拆卸步骤说明：

1)箱体部分拆卸

(1)圆柱顶销装置：用内六角扳手拧松顶销孔，将圆柱顶销装置从箱体的上面顶销孔拔出。选择工具：内六角扳手。

(2)刀架：拧松刀盘相应位置处的内六角柱头螺钉。选择工具：内六角扳手。

(3)压块：拧松固定压块的内六角螺钉。选择工具：内六角扳手。

(4)刀盘：拧松蜗轮主轴最前端的内六角螺钉。选择工具：内六角扳手。

(5)刀盘座 1：拆卸箱体上蜗轮轴孔较大处的刀盘座 1。

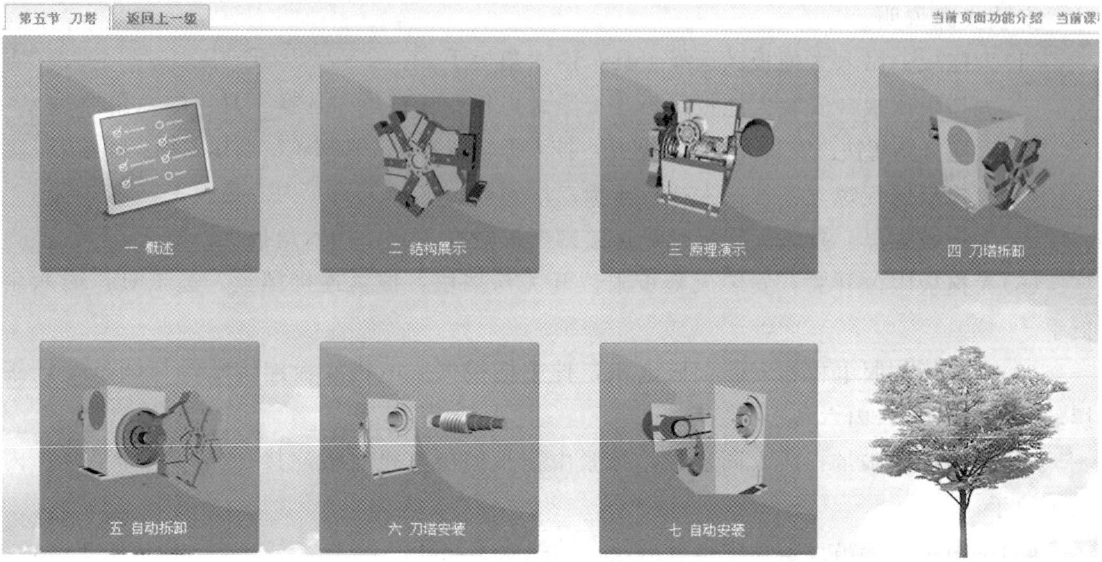

图 1.2－27　刀塔控制面板

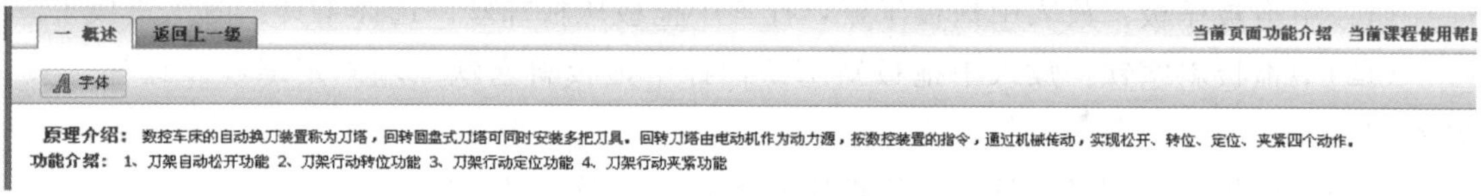

图 1.2－28　原理和功能介绍

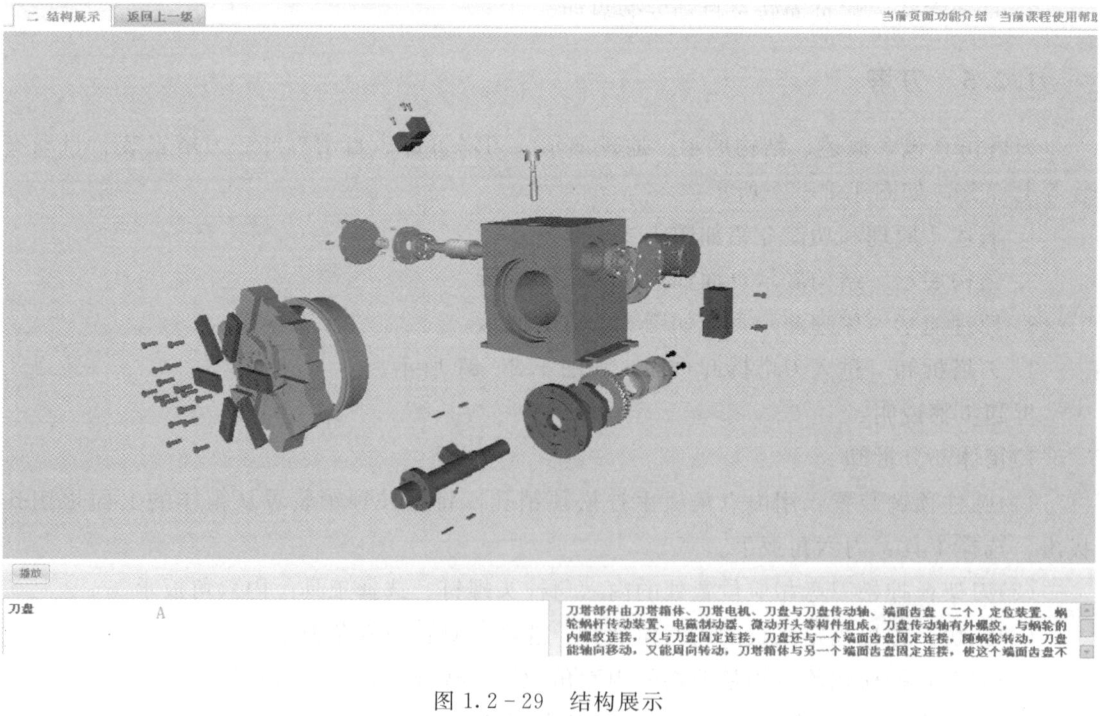

图 1.2－29　结构展示

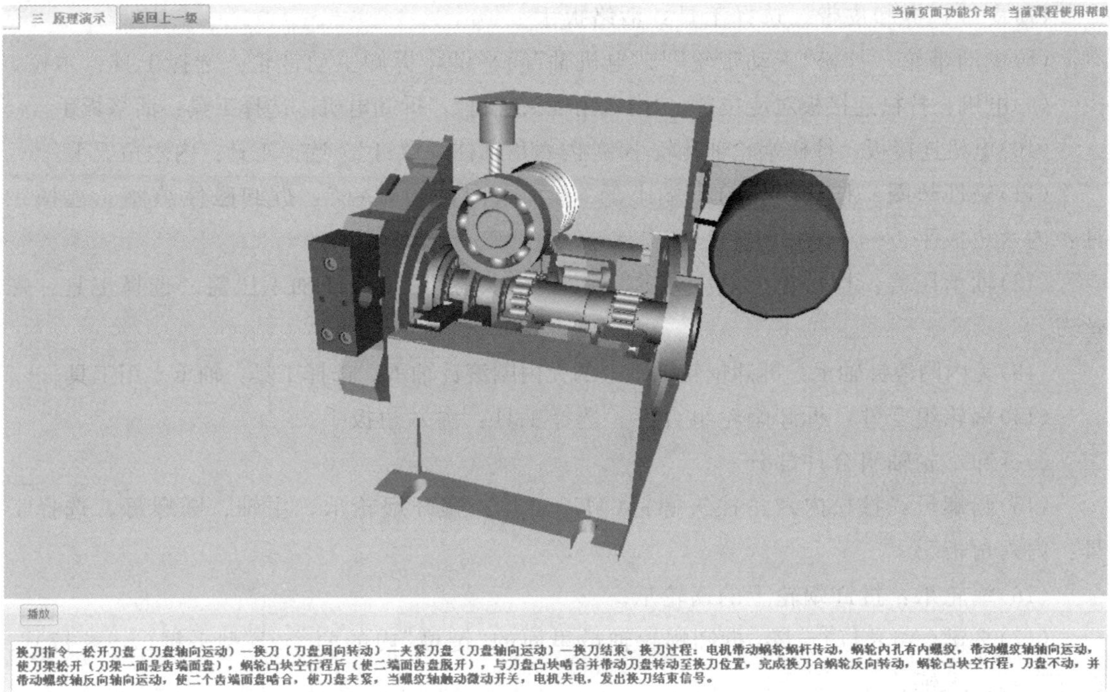

图 1.2－30　原理演示

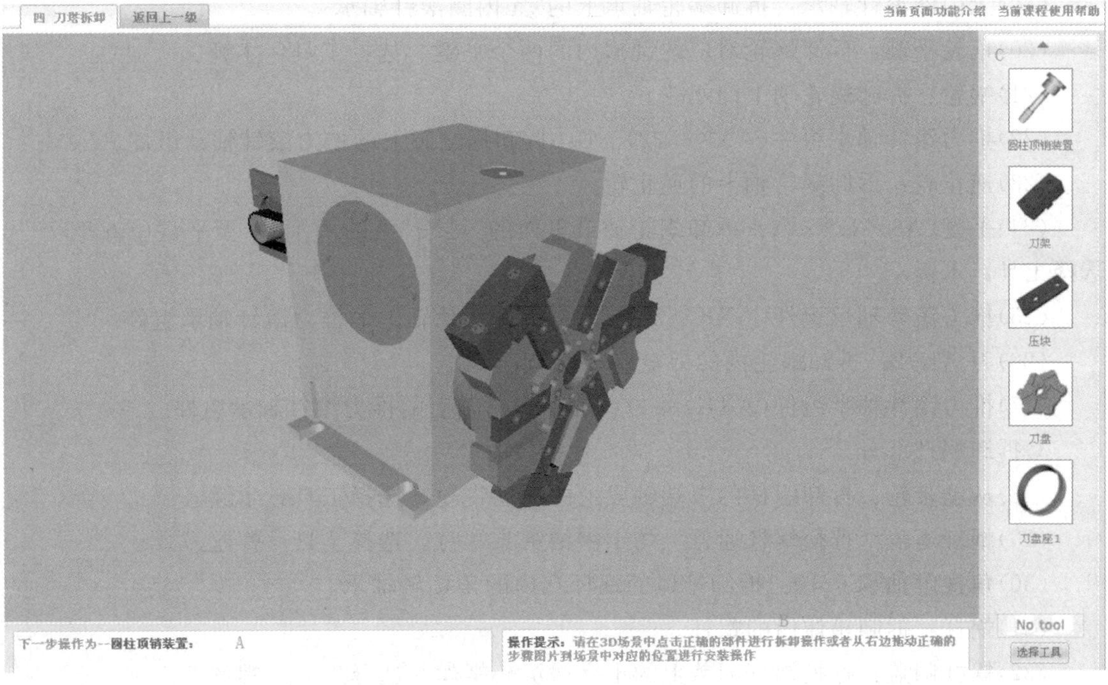

图 1.2－31　刀塔拆卸

(6)箱体闷盖：拧松箱体上蜗轮轴孔较大处“十字槽沉头螺钉”。选择工具：活络扳手，内六角扳手。

(7)皮带：拆卸皮带。选择工具：活络扳手。

(8)主动带轮：拧松“主动带轮”与“电机轴”间平键，拆卸主动带轮。选择工具：木锤。

(9)电机：拧松连接板对应位置上“内六角柱头螺钉”，拆卸电机。选择工具：活络板手。

(10)电机连接板：拧松蜗轮轴孔较小端“内六角圆柱头螺钉”。选择工具：内六角扳手。

(11)磁性垫圈：拧松蜗轮的小端上的“内六角圆柱头螺钉”，拆卸磁性垫圈。选择工具：内六角扳手。

(12)轴承压盖：拧松箱上对应处的“十字槽沉头螺钉”，拆卸轴承压盖。选择工具：螺丝刀。

(13)无内圈滚针轴承：拆卸蜗轮轴承上的无内圈滚针轴承。选择工具：轴承专用工具。

(14)蜗轮组合件：拆卸蜗轮组合件。选择工具：内六角扳手。

2)拆卸蜗轮轴组合件部分

(15)圆螺母：拧松内六角柱头螺钉(M5×15)，解开蜗轮爪、主轴、圆螺母。选择工具：内六角板手。

(16)蜗轮爪：拆卸蜗轮上的蜗轮爪。

(17)平键(A6×17)－B：拆卸蜗轮轴最里面的“键槽”内的两个“B 型平键(A6×17)”。选择工具：木锤。

(18)限位块：拆卸蜗轮轴上的限位块。

(19)无内圈滚针轴承：拆卸蜗轮轴承上的“无内圈滚针轴承”。

(20)蜗轮平键：拆卸蜗轮对应的键槽内的两个平键。选择工具：木锤。

(21)蜗轮：拆卸蜗轮轴上的蜗轮。

(22)推力滚针轴承组件(AXK3522)－B：拆卸蜗轮轴上的推力滚针轴承组件。

(23)逆止轮：拆卸蜗轮轴上的逆止轮。

(24)平键(A6×17)－A：拆卸蜗轮轴最里面的“键槽”内的两个“A 型平键(A6×17)”。选择工具：木锤。

(25)推力滚针轴承组件(AXK3522)－A：拆卸蜗轮轴上的推力滚针轴承组件。

(26)刀盘座 2：拆卸蜗轮内的刀盘座 2。

(27)推力滚针轴承组件(AXK2524)：拆卸蜗轮轴上的推力滚针轴承组件。

3)拆卸蜗杆部分

(28)从动带轮：拆卸蜗杆的末端轴段上的从动带轮。选择工具：木锤。

(29)蜗杆通盖：拧松蜗杆通盖上的十字槽沉头螺钉。选择工具：螺丝刀。

(30)角接触轴承 6210：拆卸箱体的蜗杆孔内的角接触轴承。

(31)蜗杆：拆卸箱体内的蜗杆。

(32)蜗杆闷盖：拧松蜗杆闷盖上的十字槽沉头螺丝。选择工具：螺丝刀。

(33)角接触轴承 6210：拆卸蜗杆上的角接触轴承 6210。

5. 自动拆卸　将页面转至自动拆卸界面。

6. 刀塔安装　刀塔安装的展示页面，如图 1.2－32 所示。

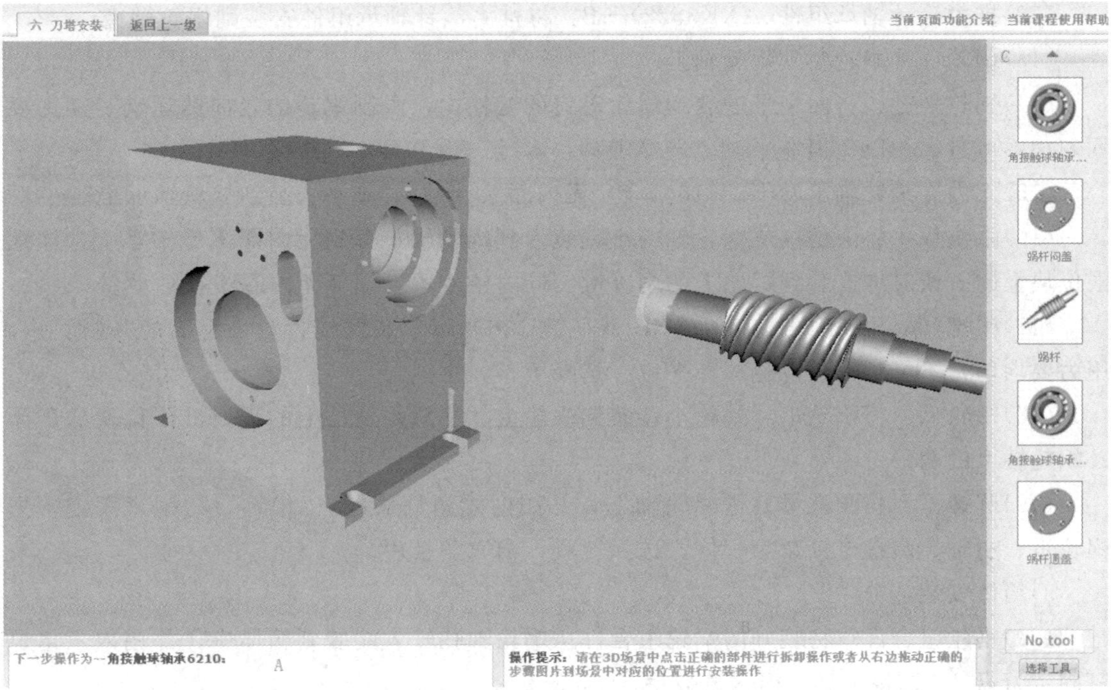

图 1.2－32　刀塔安装

安装步骤：

1)安装蜗杆部分

(1)角接触球轴承 6210：将角接触轴承 6210 装在蜗杆上，先装正对刀架端的无带轮端的轴承，便于蜗杆的定位。

(2)蜗杆闷盖：在无带轮端，将蜗杆闷盖对准蜗杆轴孔，安装在箱上，并用十字槽沉头螺丝锁紧固定。选择工具：螺丝刀。

(3)蜗杆：将蜗杆对准刀架带轮端的深沟球轴承的内圈孔，从有带轮端的箱体的蜗杆孔装进箱体内。

(4)角接触球轴承 6210：在箱体的有带轮端，将轴承装入箱体的蜗杆孔内。

(5)蜗杆通盖：在装完蜗杆后，在带轮端的箱体蜗杆孔的深沟球轴承后，安上蜗杆通盖．并用十字槽沉头螺钉将蜗杆通盖锁紧。选择工具：螺丝刀。

(6)从动带轮：将从动带轮装在蜗杆的末端轴段上。选择工具：木锤。

2)安装蜗轮轴组合件部分

(7)推力滚针轴承组件(AXK2524)：将推力滚针轴承组件安装到蜗轮轴上。

(8)刀盘座 2：将刀盘座 2 从蜗轮轴的小端的轴侧装进蜗轮内。

(9)推力滚针轴承组件(AXK3522)－A：将推力滚针轴承组件安装到蜗轮轴上。

(10)平键(A6×17)－A：将两个“A 型平键(A6×17)”装到蜗轮轴最里面的“键槽”内。用力要均匀，不可过大，以免损坏平键。选择工具：木锤。

(11)逆止轮：将逆止轮对准蜗轮轴最里面的平键处的位置装到蜗轮轴上。

(12)推力滚针轴承组件(AXK3522)－B：将推力滚针轴承组件安装到蜗轮轴上。

(13)蜗轮：将蜗轮套到蜗轮轴上。

(14)蜗轮平键：将两个平键装到蜗轮对应的键槽内，限制蜗轮的径向的运动。用力要均匀，不可过大，以免损坏平键。选择工具：木锤。

(15)无内圈滚针轴承(NK25/16)：将“无内圈滚针轴承”小心安装到蜗轮轴承上。

(16)限位块：将限位块从蜗轮轴的小端装入到蜗轮轴，套到无内圈滚针轴承上。注意限位块上的键槽对准安装到蜗轮上的两平键，同时注意不要损坏无内圈滚针轴承。

(17)平键(A6×17)－B：将两个“B型平键(A6×17)”装到蜗轮轴最里面的“键槽”内。用力要均匀，不可过大，以免损坏平键。选择工具：木锤。

(18)蜗轮爪：将蜗轮爪从蜗轮小端装到蜗轮上。注意蜗轮爪上的爪对准限位块的爪牙及蜗轮轴上的两平键。

(19)圆螺母：将圆螺母旋进蜗轮轴上，并用内六角柱头螺钉(M5×15)锁紧固定，把蜗轮爪、主轴、圆螺母锁紧为一体。选择工具：内六角板手。

3)箱体安装部分

(20)蜗轮组合件：将装好的蜗轮组合件从蜗轮轴孔较大端装到箱体中，并用内六角螺钉固定刀盘2。选择工具：内六角扳手。

(21)无内圈滚针轴承(NK220/16)：将“无内圈滚针轴承”小心安装到蜗轮轴承上。选择工具：轴承专用工具。

(22)轴承压盖：将轴承压盖从蜗轮轴孔较小端装到箱上对应处，并用“十字槽沉头螺钉”固定。选择工具：螺丝刀。

(23)磁性垫圈：将磁性垫圈装在蜗轮上的小端上，并用“内六角圆柱头螺钉”锁紧固定。选择工具：内六角扳手。

(24)电机连接板：将电机连接板安装在箱体的对应位置(蜗轮轴孔较小端)，并用“内六角圆柱头螺钉”锁紧。选择工具：内六角扳手。

(25)电机：将电机安放好在连接板的对应位置上，并用外六角螺钉锁紧固定。选择工具：活络板手。

(26)主动带轮：将主动轮装在电机的转轴上，并用平键把“主动带轮”与“电机轴”锁紧。选择工具：木锤。

(27)皮带：在两个皮带之间装上玻带。选择工具：活络扳手。

(28)箱体闷盖：将箱体闷盖装在箱体上蜗轮轴孔较大处，并用“十字槽沉头螺钉”锁紧固定。选择工具：活络扳手。

(29)刀盘座1：将刀盘座1装到箱体上蜗轮轴孔较大处。

(30)刀盘：将刀盘安装到蜗轮主轴最前端，并用内六角螺钉锁紧固定。选择工具：内六角扳手。

(31)压块：将8个压块放到刀盘相应的位置处，并用内六角螺钉锁紧固定。选择工具：内六角扳手。

(32)刀架：将3个刀架放置在刀盘相应位置处．并用内六角柱头螺钉锁紧固定。选择工具：内六角扳手。

(33)圆柱顶销装置：将圆柱顶销装置从箱体上面顶销孔装入，并用内六角扳手锁紧固定。选择工具：内六角扳手。

7. 自动安装　将页面转至自动安装界面。

1.3　CJK6136 数控车床

CJK6136 数控车床包括整机结构和主轴两部分，如图 1.3－1 所示。

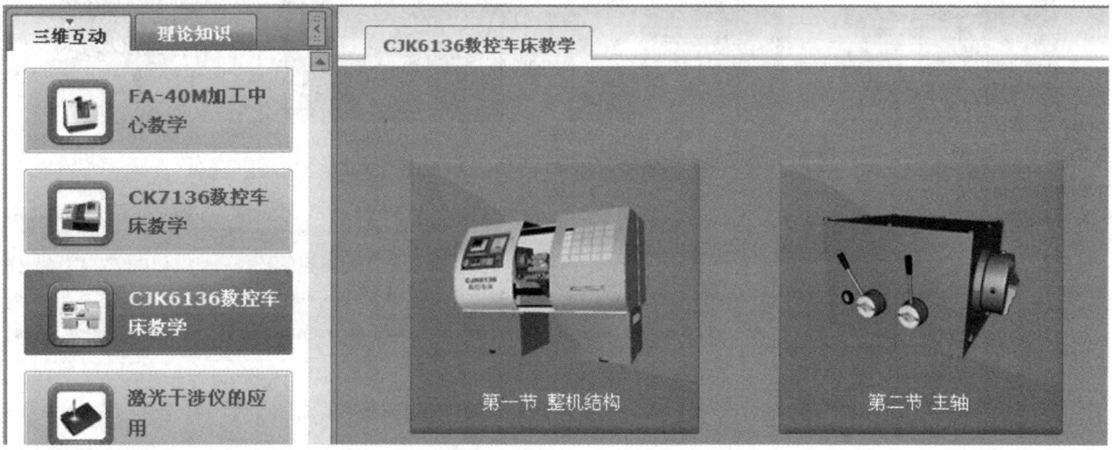

图 1.3－1　CJK6136 数控车床控制面板

1.3.1　整机结构

整机结构仿真包含概述、结构展示、原理演示、整机结构、自动拆卸、整机安装、自动安装等七部分，如图 1.3－2 所示。

1. 概述　原理和功能介绍如图 1.3－3 所示。

2. 结构展示　用鼠标点击“结构展示”，即出现整机结构展示页面，如图 1.3－4 所示。

3. 原理演示　点击原理演示进入原理演示页面，如图 1.3－5 所示。

4. 整机拆卸　点击进入整机拆卸页面，如图 1.3－6 所示。

拆卸步骤说明：

(1)罩壳：切断电源，拆除数控机床上电线、油管、水管等装置，拆卸罩壳。

(2)润滑油管：拆卸润滑油管连接螺丝，拆卸润滑油管，拆卸油箱。

(3)X 轴铁皮盒子：拆卸固定铁皮盒子的螺丝，拆卸铁皮盒子，拆卸固定块。

(4)尾座：拆卸固定尾座的螺母，拆卸尾座。

(5)刀架：拆卸固定刀架的螺丝，拆卸刀架。

(6)编码器和床头箱：拆卸同步齿轮压盖，拆卸主轴箱。

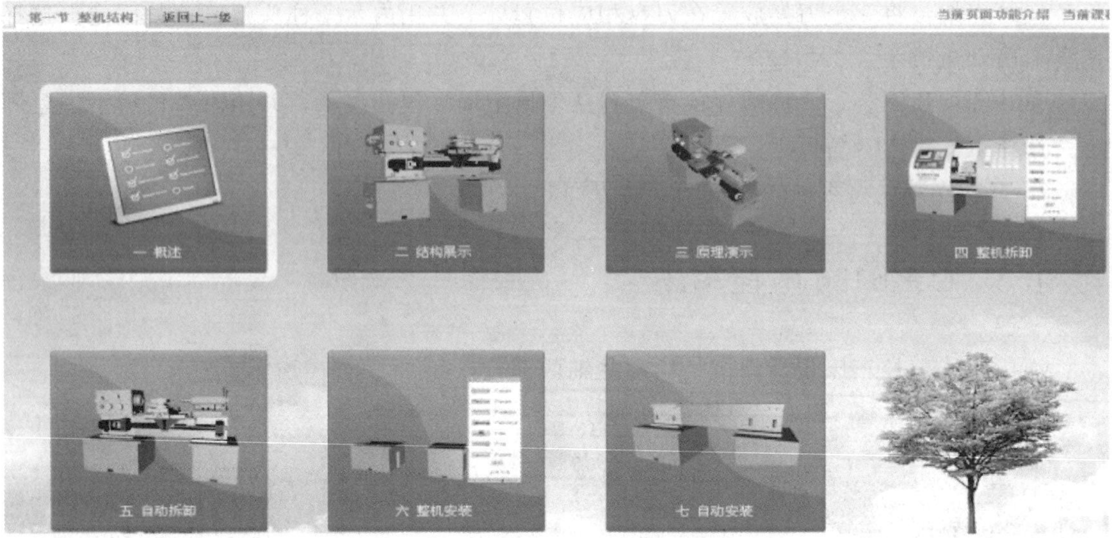

图 1.3－2　整机结构控制面板

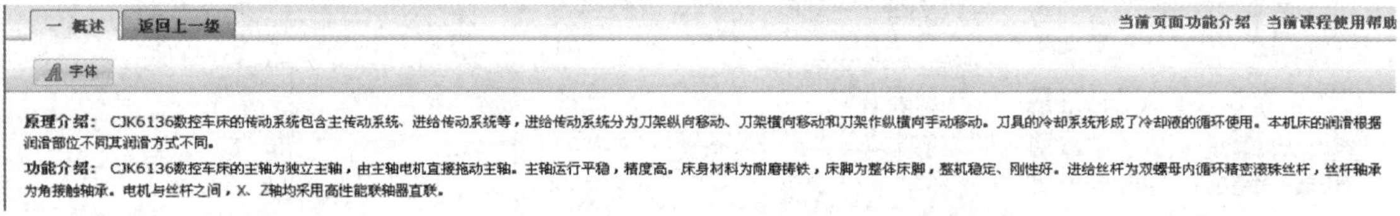

图 1.3－3　原理和功能介绍

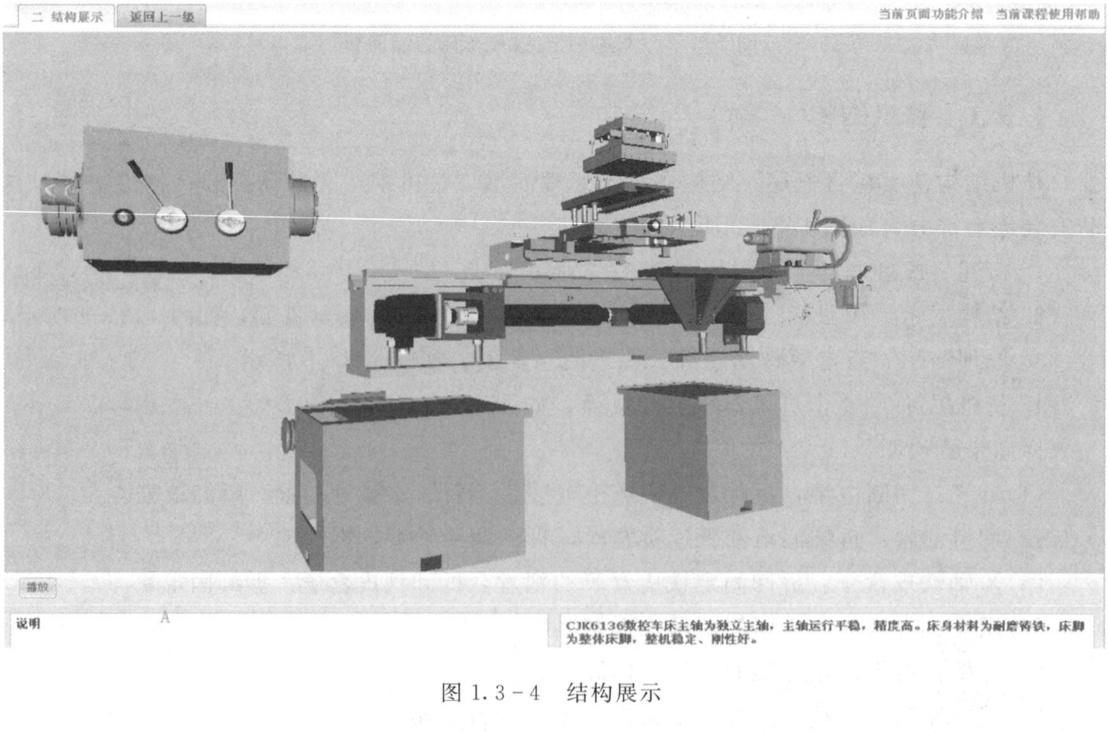

图 1.3－4　结构展示

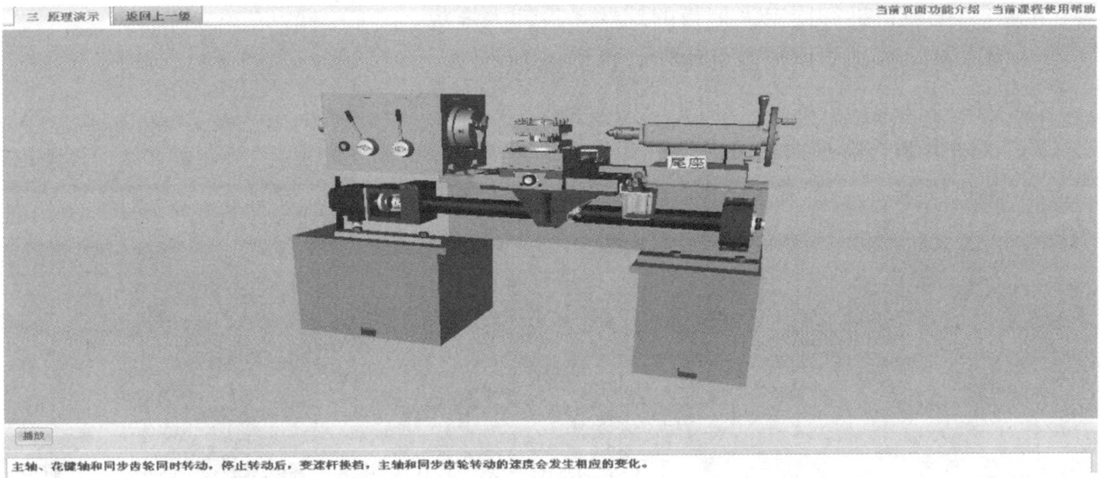

图 1.3－5 原理演示

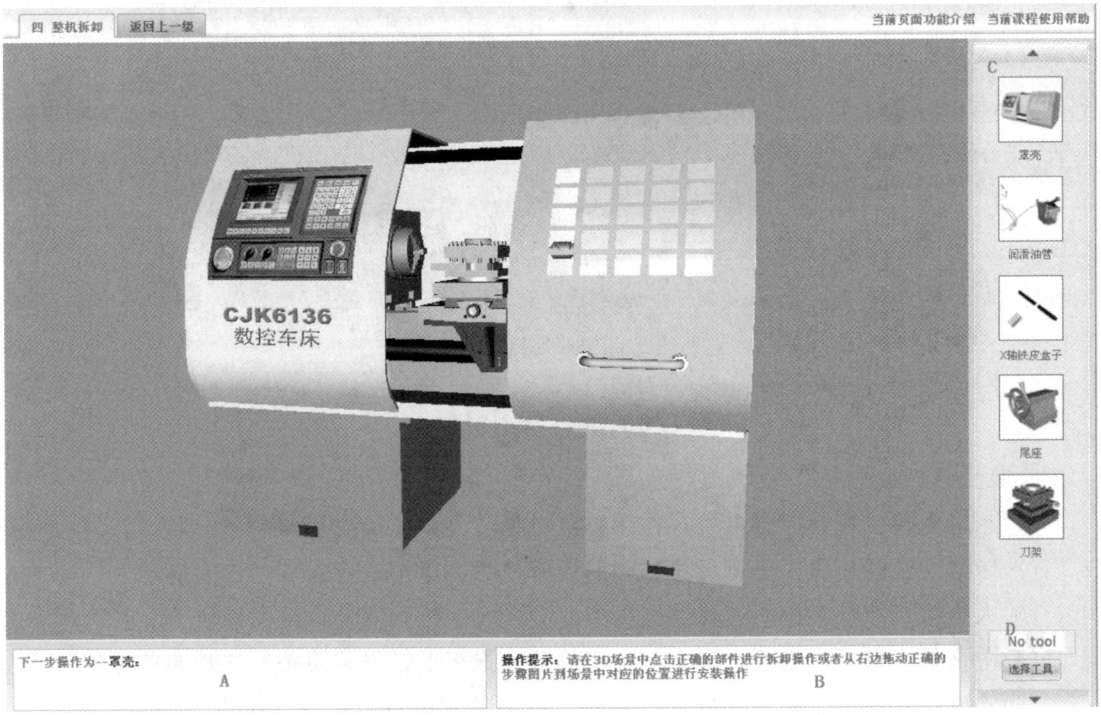

图 1.3－6 整机拆卸

(7)X 轴电机和丝杆：拆卸 X 轴伺服电机，拆卸 X 轴电机轴，拆卸小电机垫片，拆卸 X 轴丝杆。

(8)Z 轴电机：拆卸 Z 轴电机，拆卸 Z 轴电机座。

(9)丝杆上的螺母块：拆卸丝杆上的螺母块，拆卸支座。

(10)Z 轴丝杆：拆卸固定 Z 轴丝杆的螺丝，拆卸 Z 轴丝杆。

(11)中拖板：拆卸镶条螺母，拆卸镶条，拆卸大拖板。

(12)大拖板：拆卸固定大拖板的螺丝，拆卸大拖板。

(13)床身：拆卸固定床身的螺丝，拆卸床身。

(14)床脚电机：拆卸固定床脚电机的螺丝，拆卸床脚电机。

5. 自动拆卸　将页面转至自动拆卸界面。

6. 整机安装　点击“整机安装”进入整机安装页面，如图 1.3-7 所示。

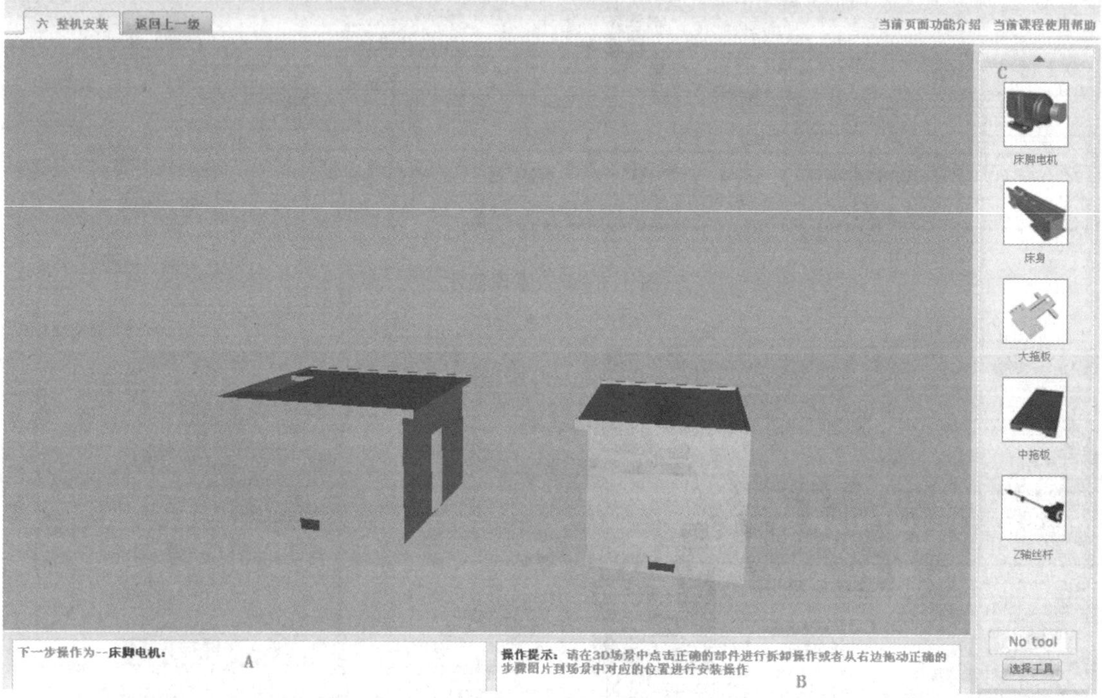

图 1.3-7　整机安装

安装步骤：

(1)床脚电机：选择床脚电机，将床脚电机拖放到前床脚进行安装，拧紧螺丝。

(2)床身：选择床身，将床身拖放到前床脚或后床脚上进行安装，拧紧螺丝。

(3)大拖板：选择大拖板，将大拖板拖放到床身上进行安装，拧紧螺丝。

(4)中拖板：选择中拖板，将中拖板拖放到大拖板上，安装镶条，拧紧镶条螺母。

(5)Z 轴丝杆：选择 Z 轴丝杆，将 Z 轴丝杆拖放到床身后侧进行安装，拧紧螺丝。

(6)丝杆上的螺母块：选择丝杆上的螺母块，将丝杆上的螺母块拖放到 Z 轴丝杆上进行安装，拧紧螺母。

(7)Z 轴电机：选择 Z 轴电机，将 Z 轴电机拖放到床身后侧进行安装，安装 Z 轴电机座，拧紧螺丝，安装 Z 轴电机。

(8)X 轴电机和丝杆：选择 X 轴电机和丝杆，将 X 轴电机和丝杆拖放到大拖板中间，安装 X 轴丝杆，安装小电机垫片，安装 X 轴电机轴，安装 X 轴伺服电机，拧紧螺丝。

(9)编码器和床头箱：选择编码器和床头箱，将编码器和床头箱拖放到床身上面，安装主轴箱，安装同步齿轮压盖，拧紧螺丝。

(10)刀架：选择刀架，将刀架拖放到中拖板上进行安装，拧紧螺丝。

(11)尾座：选择尾座，将尾座拖放到床身上面进行安装，拧紧螺丝。

(12)X轴铁皮盒子：选择X轴铁皮盒，将X轴铁皮盒子拖放到X轴电机上，安装铁皮盒，安装固定块，拧紧螺丝。

(13)润滑油管：选择润滑油管，将润滑油管拖放到大拖板右侧，安装油箱，安装润滑油管，拧紧螺丝。

(14)罩壳：选择罩壳，将罩壳拖放到床身，安装数控机床电线、油管、水管等装置，接上电源。

7. 自动安装　将页面转至自动安装界面。

1.3.2　主轴

主轴仿真包含概述、结构展示、原理演示、主轴拆卸、自动拆卸、主轴安装、自动安装等七部分，如图1.3－8所示。

1. 概述　原理和功能介绍如图1.3－9所示。

2. 结构展示　点击“结构展示”，进入主轴箱结构展示页面，如图1.3－10所示。

3. 原理演示　点击进入原理演示页面，如图1.3－11所示。

4. 主轴拆卸　点击进入主轴箱拆卸页面，如图1.3－12所示。

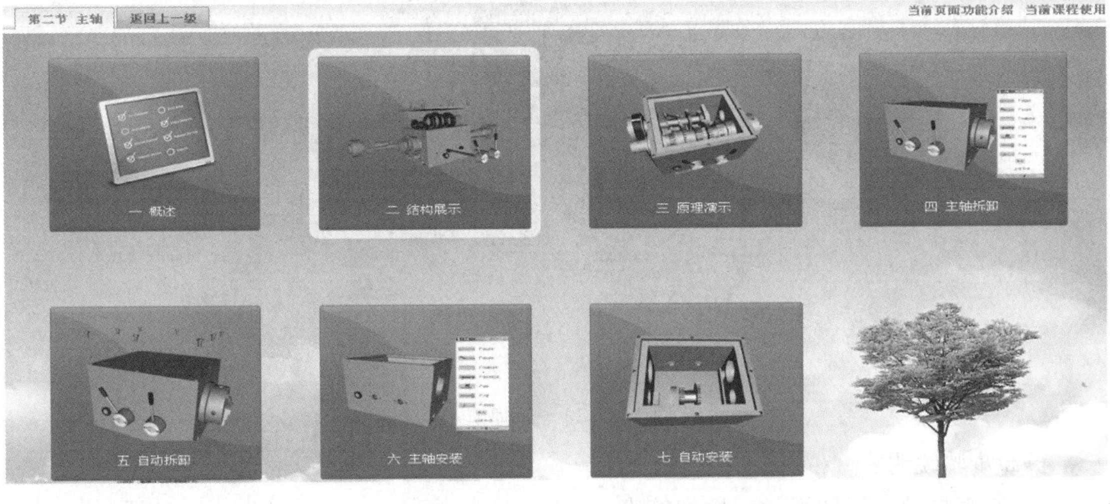

图1.3－8　主轴控制面板

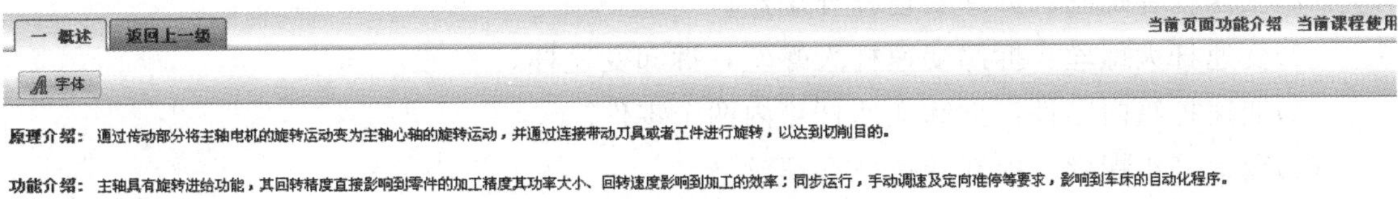

图1.3－9　原理和功能介绍

图 1.3-10　结构展示

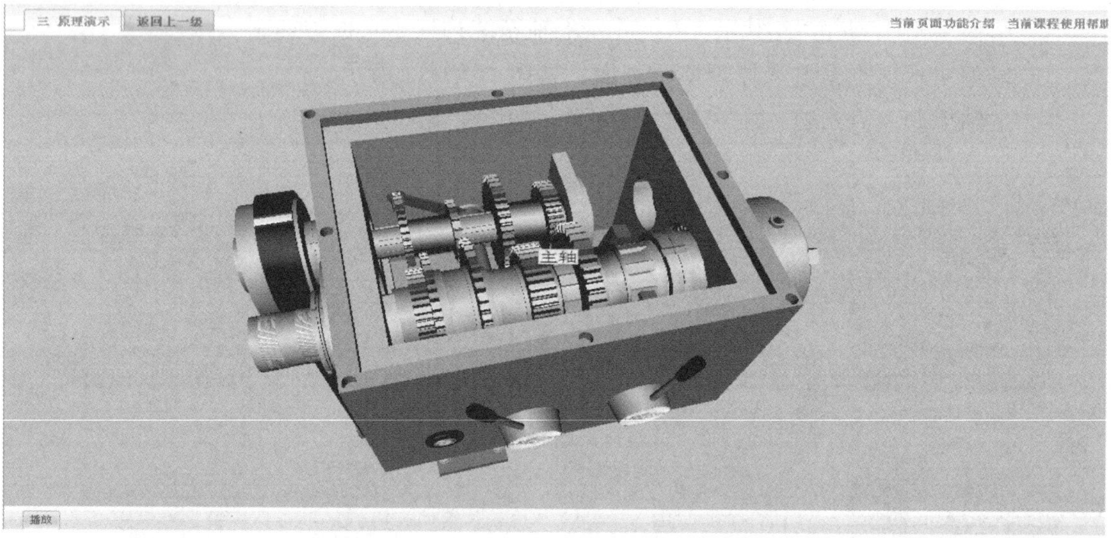

图 1.3-11　原理演示

拆卸步骤说明：

(1)箱壳螺丝：拆卸螺丝，拆卸箱壳。

(2)变速杆外螺丝：拆卸变速杆外螺丝。

(3)变速杆大螺丝：拆卸变速杆大螺丝，拆卸变速杆。

(4)变速杆箱内零件：拆卸变速杆箱内两个零件。

(5)变速杆小螺丝：拆卸变速杆小螺丝。

(6)主轴箱外圆螺母：拆卸主轴箱外圆螺母。

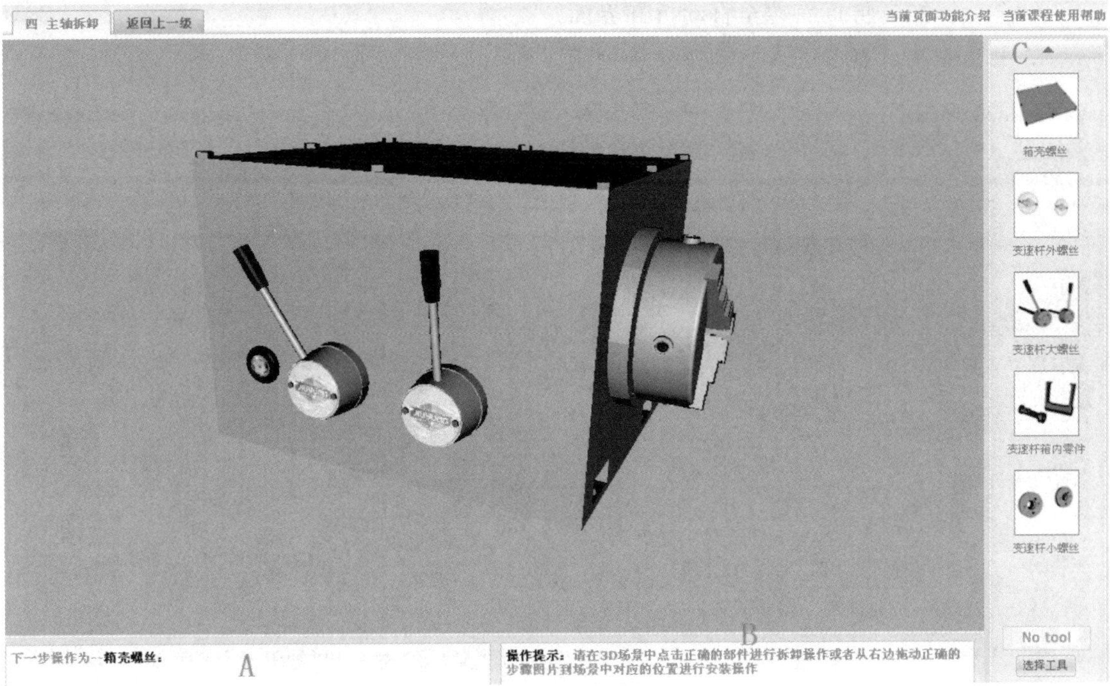

图 1.3－12 主轴拆卸

(7)主轴小螺丝：拆卸主轴小螺母。

(8)主轴大螺丝：拆卸主轴大螺母，拆卸主轴压盖。

(9)主轴箱外零件：拆卸卡盘。

(10)主轴：拆卸主轴。

(11)主轴齿轮 1：拆卸主轴齿轮 1。

(12)主轴齿轮 2：拆卸主轴齿轮 2。

(13)主轴齿轮 3：拆卸主轴齿轮 3。

(14)主轴垫片 1：拆卸主轴垫片 1。

(15)主轴垫片 2：拆卸主轴垫片 2。

(16)主轴垫片 3：拆卸主轴垫片 3。

(17)主轴滚珠：拆卸主轴滚珠。

(18)同步齿轮：拆卸同步齿轮。

(19)同步齿轮滚珠：拆卸同步齿轮滚珠。

(20)同步齿轮箱外螺丝：拆卸同步齿轮箱外螺丝，拆卸同步齿轮压盖。

(21)皮带轮：拆卸皮带轮。

(22)花键轴箱外圆螺母：拆卸花键轴箱外圆螺母。

(23)花键轴滚轮：拆卸花键轴滚轮。

(24)花键轴尾盖：拆卸花键轴尾盖。

(25)花键轴：拆卸花键轴。

5. 自动拆卸　将页面转至自动拆卸界面。

6. 主轴安装　点击进入主轴箱安装页面，如图 1.3－13 所示。

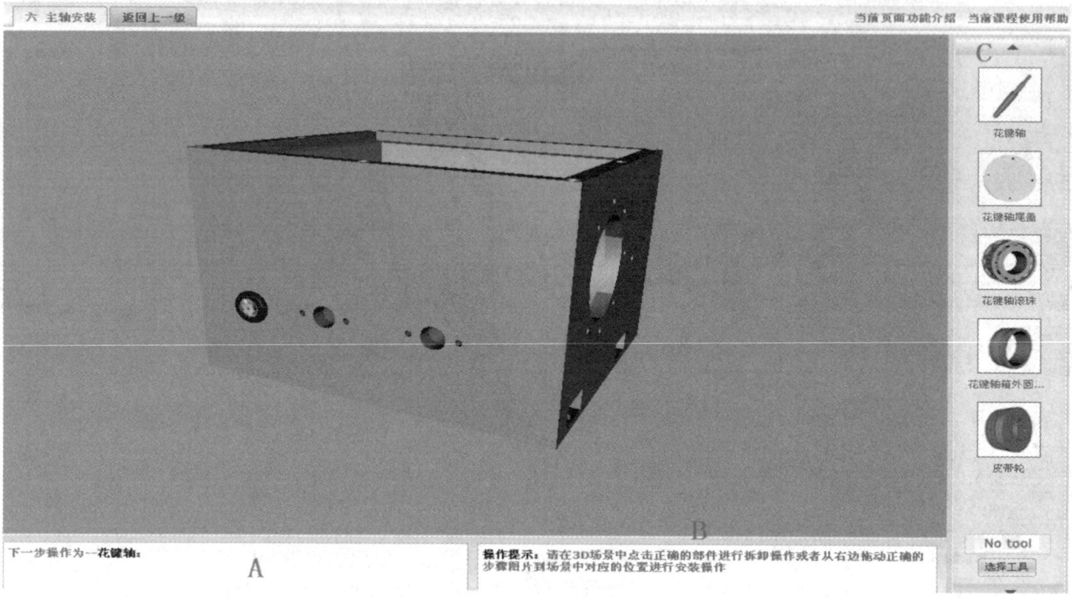

图 1.3－13　主轴安装

安装步骤说明：

(1)花键轴：选择花键轴，将花键轴安装在主轴箱体上。

(2)花键轴尾盖：选择花键轴尾盖，将花键轴尾盖安装在花键轴上。

(3)花键轴滚轮：选择花键轴滚轮，将花键轴滚轮安装在花键轴上。

(4)花键轴箱外圆螺母：选择花键轴箱外圆螺母，将花键轴箱外圆螺母安装在花键轴上。

(5)皮带轮：选择皮带轮，将皮带轮安装在花键轴上。

(6)同步齿轮箱外螺丝：安装同步齿轮压盖，拧紧同步齿轮箱外螺丝。

(7)同步齿轮滚珠：选择同步齿轮滚珠，拖放到同步齿轮压盖中间进行安装。

(8)同步齿轮：选择同步齿轮，拖放到同步齿轮滚珠中间进行安装。

(9)主轴滚珠：选择主轴滚珠，拖放到主轴上进行安装。

(10)主轴垫片 3：选择主轴垫片 3，拖放到主轴上进行安装。

(11)主轴垫片 2：选择主轴垫片 2，拖放到主轴上进行安装。

(12)主轴垫片 1：选择主轴垫片 1，拖放到主轴上进行安装。

(13)主轴齿轮 3：选择主轴齿轮 3，安装在主轴箱体内。

(14)主轴齿轮 2：选择主轴齿轮 2，拖放到主轴齿轮 3 后，安装在主轴箱体内。

(15)主轴齿轮 1：选择主轴齿轮 1，拖放到主轴齿轮 2 后，安装在主轴箱体内。

(16)主轴：选择主轴，拖放到主轴齿轮中间进行安装，拧紧螺丝。

(17)主轴箱外零件：选择主轴箱外零件，拖放到主轴上，安装在主轴箱体外。

(18)主轴大螺丝：选择主轴压盖，拖放到主轴上进行安装，拧紧主轴大螺母。

(19)主轴小螺丝：选择主轴小螺母，拖放到主轴上进行安装，拧紧主轴小螺母。

(20)主轴箱外圆螺母：选择主轴箱外圆螺母，拖放到主轴上进行安装。

(21)变速杆小螺丝：选择变速杆小螺丝，将变速杆小螺丝安装在主轴箱体上，拧紧螺丝。

(22)变速杆箱内零件：选择变速杆箱内零件，将变速杆箱内零件安装在主轴上。

(23)变速杆大螺丝：选择变速杆，将变速杆拖放到变速杆小螺丝中间进行安装，拧紧变速杆大螺丝。

(24)变速杆外螺丝：选择变速杆外螺丝，将变速杆外螺丝拖放到变速杆大螺丝上进行安装，拧紧螺丝。

(25)箱壳螺丝：选择箱壳，将箱壳拖放到主轴箱体上面进行安装，拧紧螺丝。

7. 自动安装　将页面转至自动安装界面。按启动按钮，就会演示安装的全过程。

1.4　激光干涉仪的应用

激光干涉仪仿真包括概述、ML10激光干涉仪配件和干涉仪的原理展示，如图1.4－1所示。

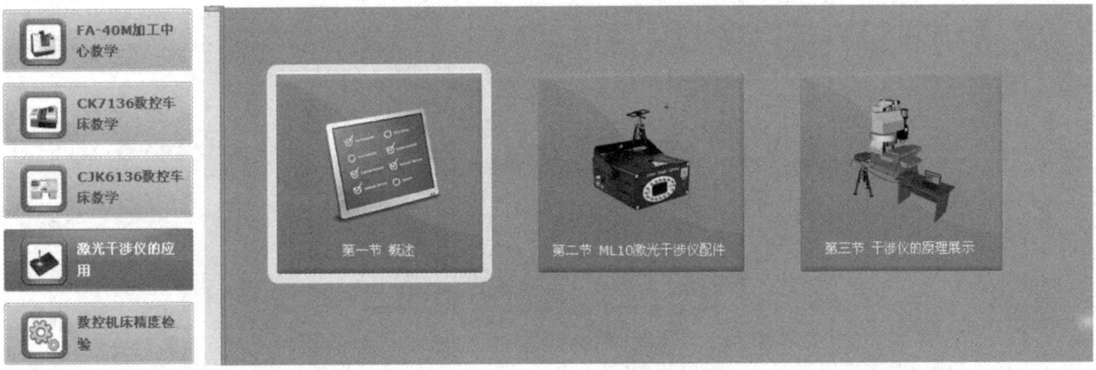

图1.4－1　激光干涉仪控制面板

1.4.1　概述

概述包括单频激光干涉仪和双频激光干涉仪的原理介绍，如图1.4－2所示。

点击 字体 按钮可以调节说明文字的大小。

1.4.2　ML10激光干涉仪配件

点击进入ML10激光干涉仪配件界面。将C区的元器件拉入空白界面中，A区会显示元器件名称，B区会显示对该元器件的介绍。点击 重置 按钮可以将界面恢复到初始状态，如图1.4－3所示。

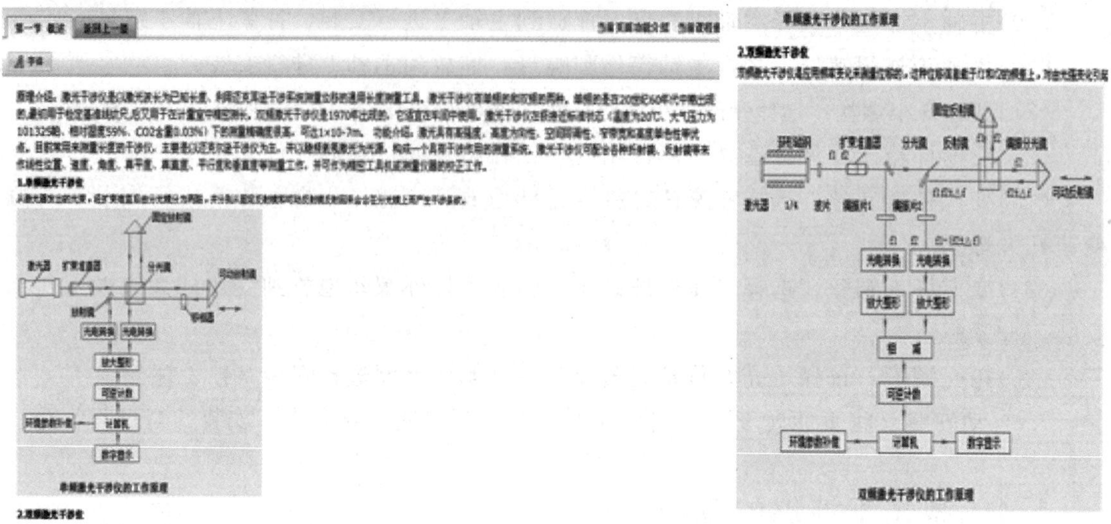

图 1.4-2　原理介绍

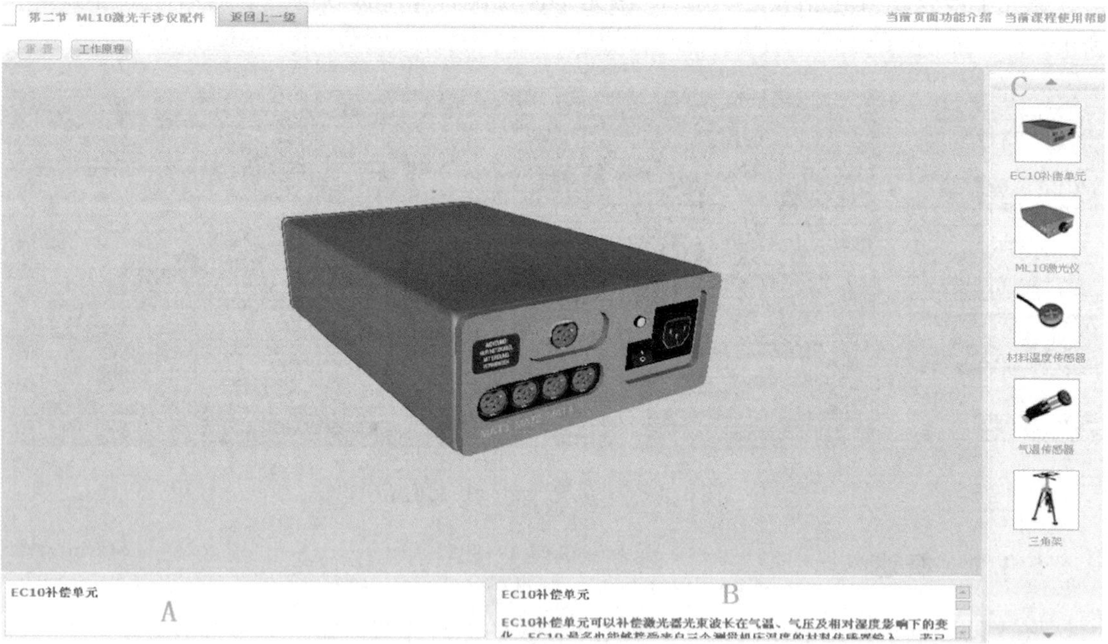

图 1.4-3　ML10 激光干涉仪配件

1.4.3　干涉仪的原理展示

点击进入干涉仪的原理展示界面。将 C 区的元器件拉入空白界面，从 D 区选取要使用到的测试仪表，A 区会显示元器件的名称；B 区会显示测试表表笔的测试位置。点击 删除仪表 可删除测试仪表；点击 元器件查询 可以根据输入的信息查询对应的元器件如图 1.4-4 所示。

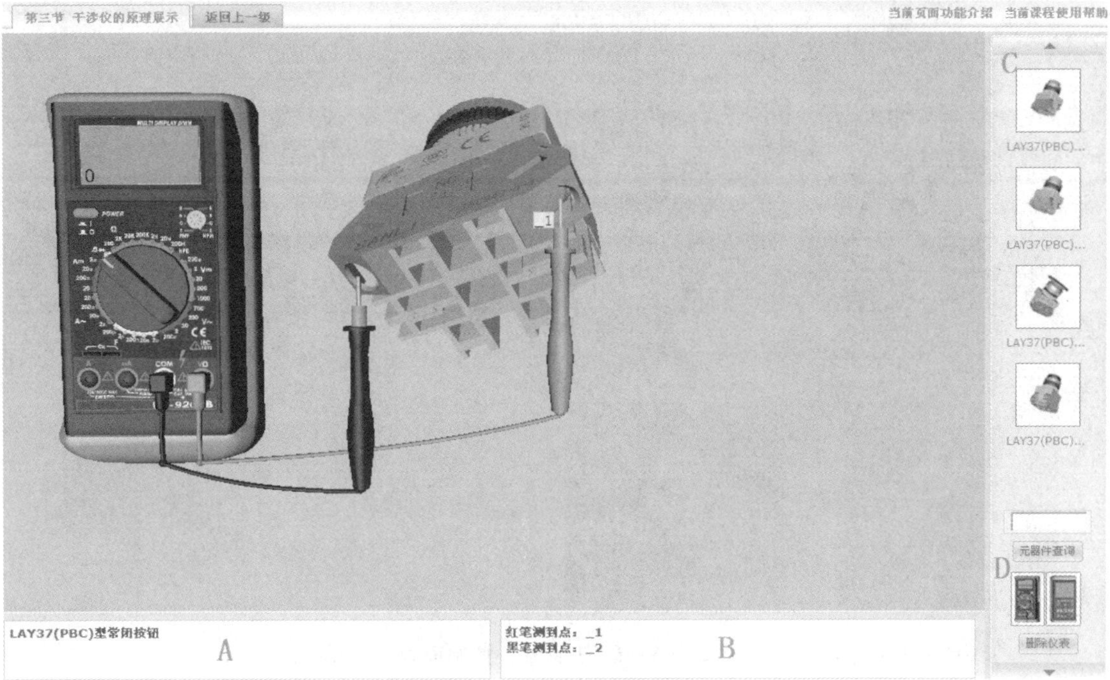

图 1.4－4 原理展示

1.5 数控机床精度检测

数控机床精度检测仿真包含工具备件、机械装调实验，如图 1.5－1 所示。

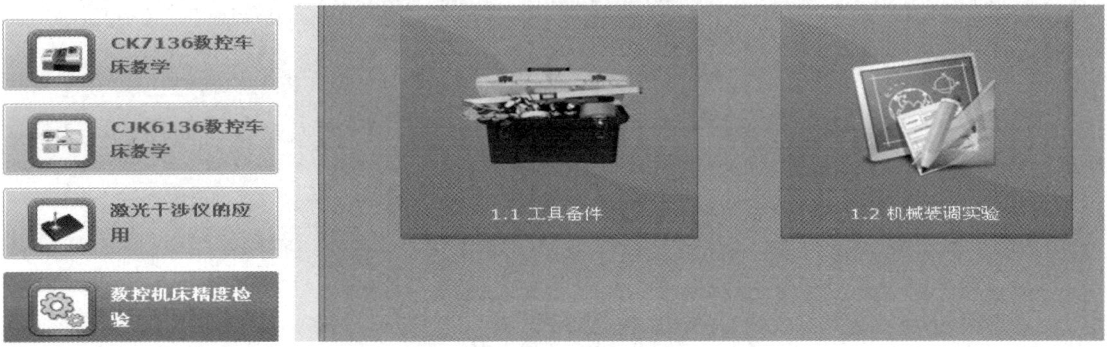

图 1.5－1 数控机床精度检测控制面板

1.5.1 工具备件

工具备件仿真包含常用仪器、常用仪表、钳类工具、扳手类工具、化学用品、其他备件，如图 1.5－2～图 1.5－4 所示。

常用仪器：点击进入常用仪器界面，将 C 区的元器件拉到空白界面里，A 区会显示元

图 1.5－2　工具备件控制面板

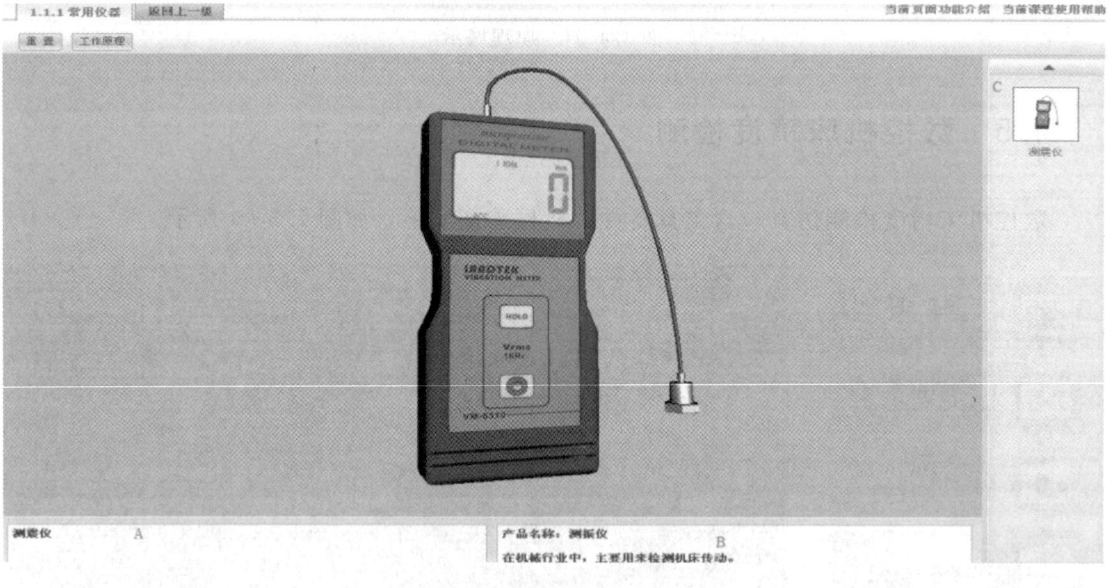

图 1.5－3　常用仪器界面

器件名称，B 区会显示对元器件的的说明。点击 **重 置** 按钮会将界面恢复到初始视觉界面。如果元器件有工作原理，点击 **工作原理** 按钮会展示其工作原理。

常用仪表：点击进入常用仪表界面。从 C 区选择选择元器件，可以选择元器件列表然后用鼠标滚轮拖动选择更多的元器件，也可以点击下三角拖动列表。A 区会显示元器件名称，B 区会显示对元器件的说明。点击 **重 置** 按钮会将界面恢复到初始视觉界面，如果

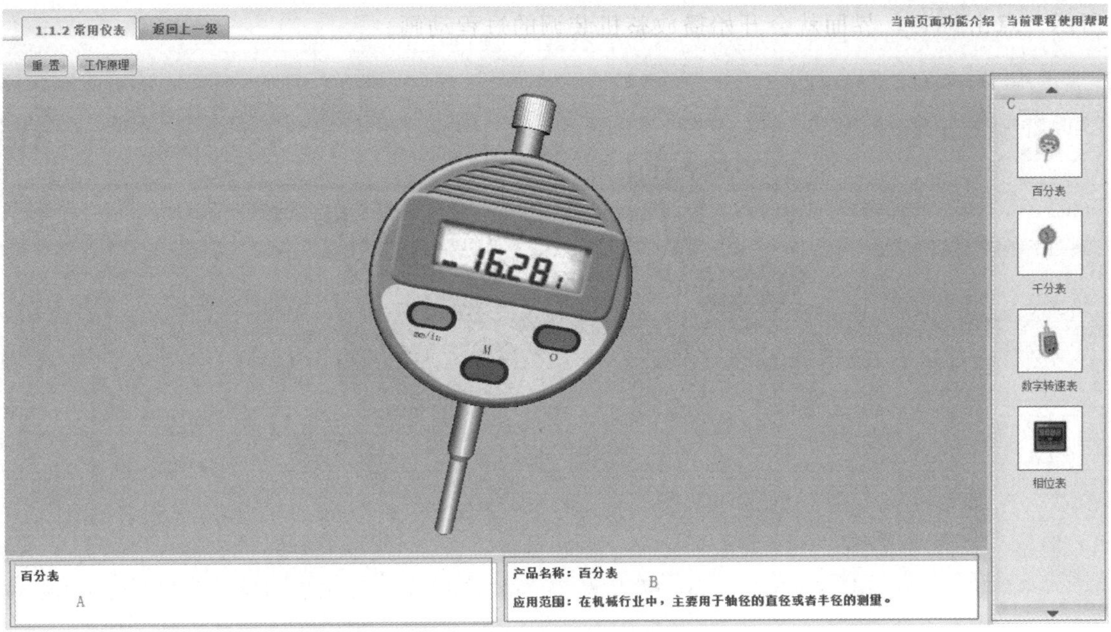

图 1.5－4　常用仪表界面

元器件有工作原理，点击 工作原理 按钮会展示部分元器件的工作原理。

其他几部分模块操作与上述相似，请参考以上两个模块进行操作。

1.5.2　机械装调实验

机械装调实验仿真包含平床主轴与尾座装调动画、装调实训实验、加工中心整机装调演示动画，如图 1.5－5 所示。

图 1.5－5　机械装调实验控制面板

平床主轴与尾座装调动画：点击进入平床主轴与尾座装调动画，点击 播放 按钮，界面会开始播放平床主轴与尾座的装调过程的动画。A 区会显示鼠标放置处部件的名称，如图 1.5－6 所示。

加工中心整机装调演示动画：点击进入加工中心整机装调演示动画界面，如图 1.5－7

所示。点击 播放 ，界面就会开始播放整机装调的过程动画。

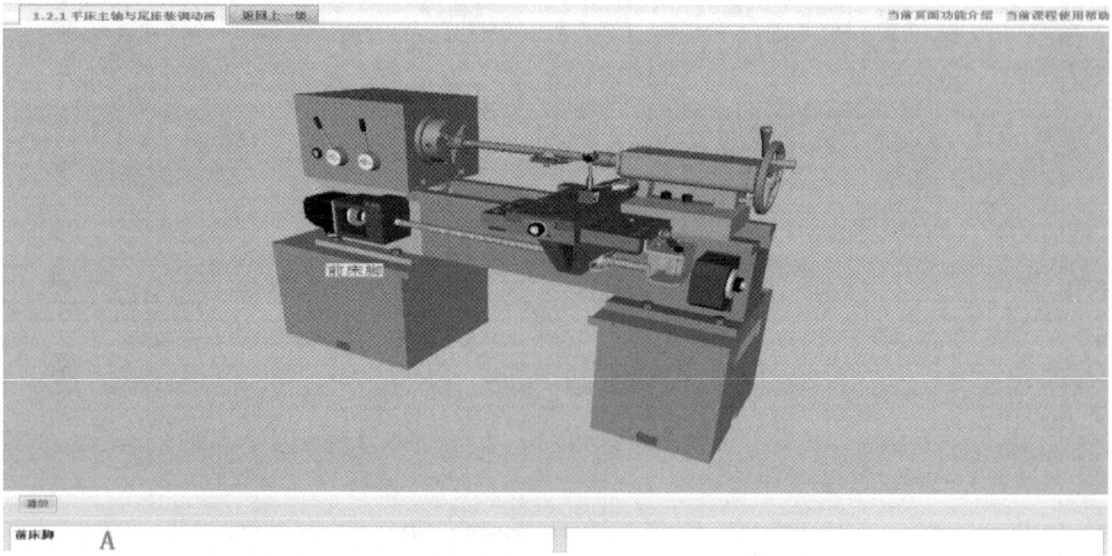

图 1.5-6　平床主轴与尾座装调动画界面

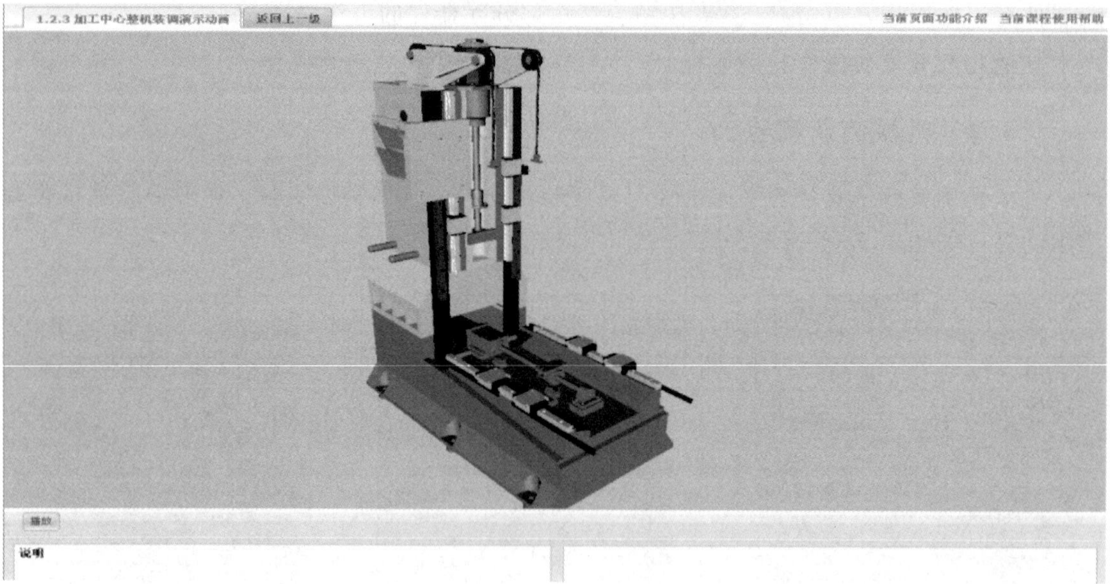

图 1.5-7　加工中心整机装调演示动画界面

第 2 章　数控加工仿真实训

2.1　FA－40M 加工中心

“加工仿真”界面如图 2－1 所示。

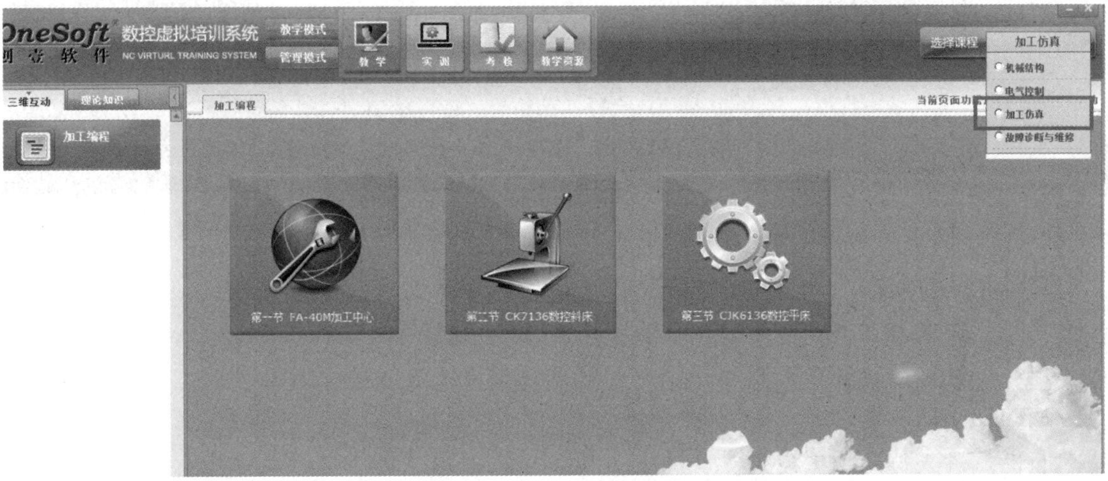

图 2－1　加工仿真控制面板

2.1.1　FANUC 系统

点击“1 FANUC 系统”，进入如图 2.1－1 所示界面。

点击 A 区的按钮，可进入相对应的操作界面；点击 B 区，可以打开、关闭模型外罩门。点击 C 区各按钮，可从不同视角轴线，查看场景模型。

1. FANUC 系统面板操作

系统操作面板如图 2.1－2 所示。在系统面板中，点击鼠标右键，可根据需要选择所要显示的区域。

系统面板介绍：

(1)“方式选择”旋钮：置光标于方式选择旋钮上，按住鼠标左键，转动旋钮至所要方式。

回参考点：回到检测和控制机床运动的固定位置点。

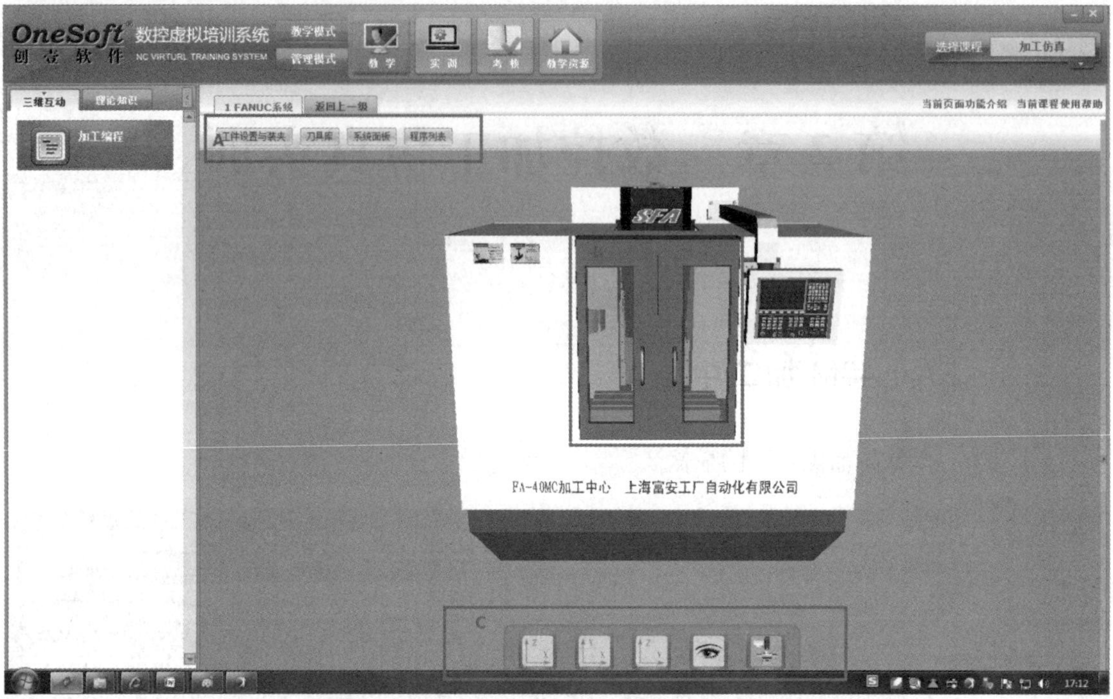

图 2.1-1 FANUC 系统界面

JOG：手动方式，手动连续移动台面或者刀具。

手轮：在此方式下，移动手轮有效，其他方式无效。

DNC：用一台通用计算机直接控制和管理数控机床进行零件加工。

MDI：手动数据输入。

自动：进入自动加工模式。

编辑：用于直接通过操作面板输入数控程序和编辑程序。

(2)：循环启动按钮。程序运行启动，方式选择旋钮在“自动”和“MDI”位置时按下有效，其余时间按下无效。

：进给保持按钮。在程序运行中，按下此按钮停止程序运行。

：紧急停止按钮。机床运行过程中，在危险或紧急情况下按下急停按钮，CNC 即进入急停状态。

伺服进给及主轴运转立即停止工作(控制柜内的进给驱动电源被切断)。松开急停按钮，CNC 进入复位状态。每次解除急停后都必需回参考点。

(3)机床主轴控制开关，：机床主轴正转；：机床主轴停转。

：主轴速度调节按钮，调节主轴速度，速度调节范围从 50%～120%。

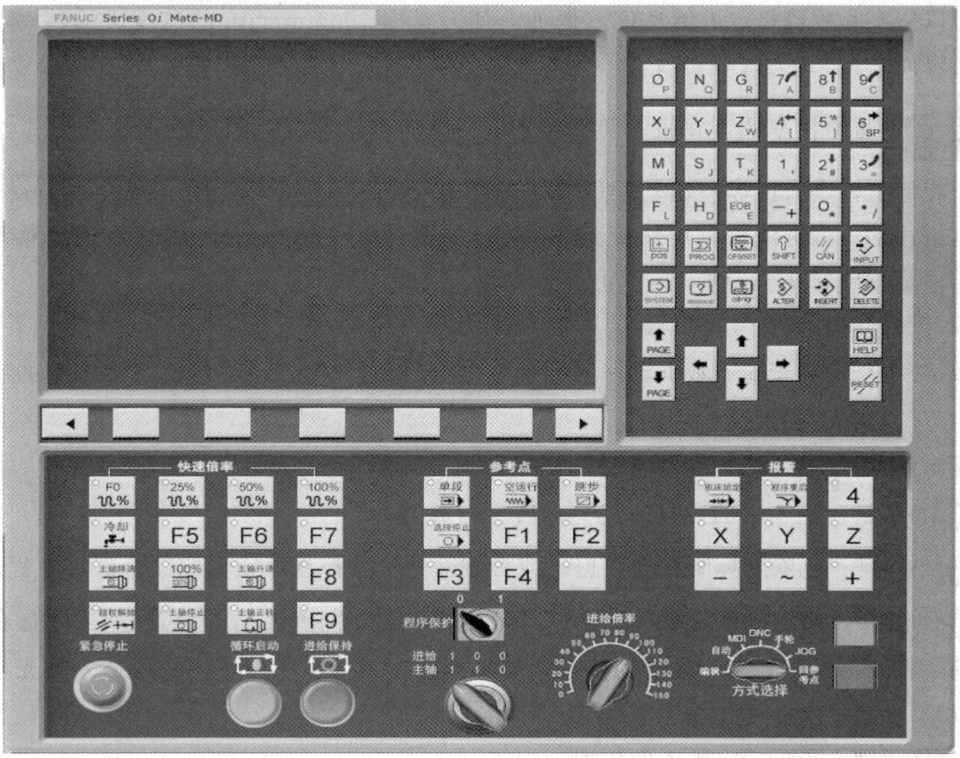

图 2.1-2 FANUC 系统操作面板

(4)：手动移动机床台面按钮。

(5)：“机床锁定”按键。在自动运行开始前，按一下按键(指示灯亮)，再按“循环启动”按键，系统继续执行程序，显示屏上的坐标轴位置信息变化但不输出伺服轴的移动指令，所以机床停止不动，这个功能用于校验程序。

：在自动方式下按下此键，CNC 处于空运行状态，程序中编制的进给速率被忽略，坐标轴以最大快速移动速度移动。空运行不做实际切削，目的在于确认切削路径及程序。在实际切削时，应关闭此功能，否则可能会造成危险(在没有装夹毛坯的情况下运行；在程序运行过程中按下此键无效；要在程序运行前，方能实现其功能，程序运行结束自动解除)。正常情况下，“空运行”与“机床锁定”是配合使用来验证首次程序的切削路径是否合理正确，程序是否有误。

：按下“单段”按键进入单程序段工作方式。在单程序段方式中按下“循环启动”按钮后，刀具在执行完程序中的一段程序后停止。通过单段方式的一段一段地执行程序，仔细检查程序。

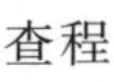：在自动方式按下此键，跳过程序段开头带有“/”程序。

：“选择停止”按键有效时(指示灯亮)，自动方式下，遇有 M01 程序停止。

(6)为了切削工件，刀具以指定速度移动称为进给。指定进给速度的功能称为进给功

能。可以用实际数值指定进给速度。例如，使刀具以 100mm/min 的速度进给移动，在程序中指定如下：F100.0。

：进给倍率调节旋钮。调节程序运行中的进给速度，调节范围从 0～150％。置光标于旋钮上，点击鼠标左键转动。将进给倍率旋钮旋到 50％，则刀具以 50mm/min 的速度进给移动；将进给倍率旋钮旋到 150％，则刀具以 150mm/min 的速度进给移动；将进给倍率旋钮旋到 0％，则刀具停止进给移动。依此类推。

(7)按键介绍：数字/字母键。

数字/字母键用于输入数据到输入区域，结合(上档键)，可切换按钮中间的字符和按钮右下角字符的输入。

编辑键：

替代键。用输入的数据替代光标所在的数据。

删除键。删除光标所在的数据；或者删除一个数控程序或者删除全部数控程。

插入键。把输入域之中的数据插入到当前光标之前或之后的位置(如果光标在字符串之前，将数据插入到光标之前的位置；如果光标在字符串之后，将数据插入到光标之后的位置)。

修改键。消除输入域内的数据。

回车换行键。结束一行程序的输入并且换行。此键就是“;”的意思。表示这一段程序结束。每一段程序结束需要此键。

输入键。把输入域内的数据输入参数页面或者输入一个外部的数控程序。

数控程序显示与编辑页面。

位置显示页面。CRT 会显示当前机床各轴的位置。有绝对和相对位置，可进行切换显示。

参数输入页面。默认为设定页面，进入不同的页面以后，用 PAGE 按钮切换。

系统帮助页面。

信息页面，如“报警”。

系统参数页面。

此键为在修改了一段程序之后，要进行加工。必须要对程序进行复位。在 PROG 模式下，按此键，程序光标将返回程序 TOP 先头显示。否则。按启动按钮进行加工时，机床会发生报警。

翻页按钮：向上翻页，向下翻页。

2. 刀具库

(1)选择添加刀具：点击“平底刀”的图标或点击“添加平底刀”，弹出添加平底刀的页面。其他刀具的添加方法是相同的。刀具库面板如图 2.1－3 所示。

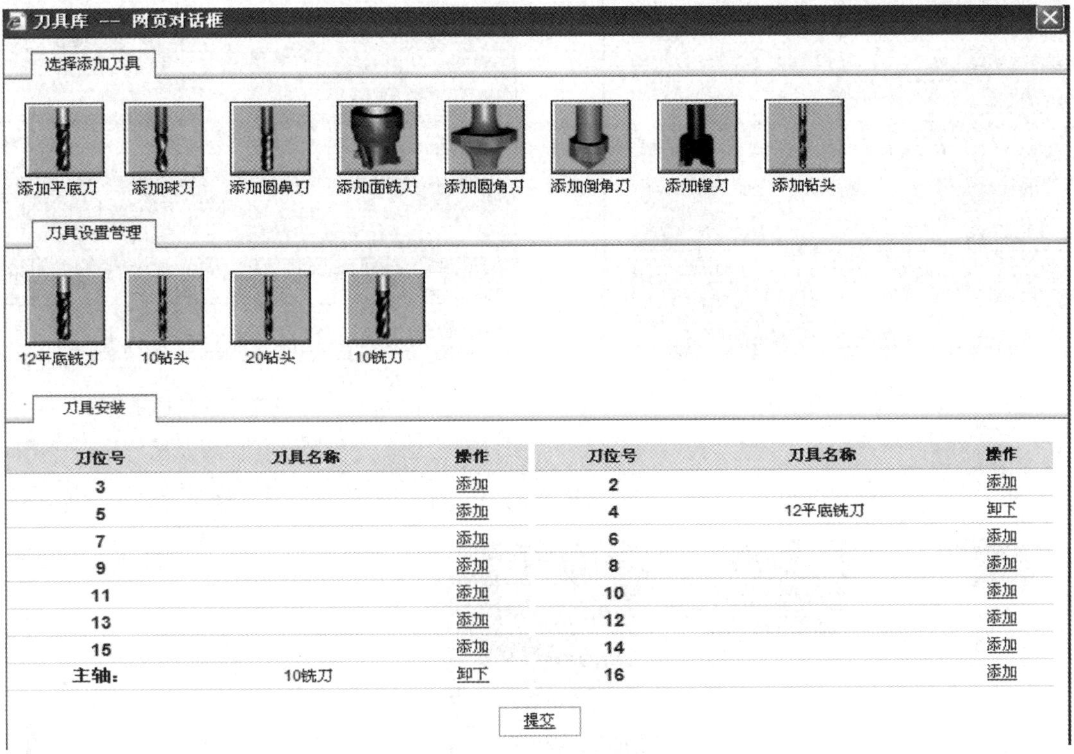

图 2.1－3　刀具库面板

(2)刀具设置管理：添加的刀具会显示在刀具设置管理中。点击刀具的名称或图标，可进行修改或删除。将平底刀的刀长设置为 80。

删除刀具：如果刀具正在使用，会提示“请先卸载刀具，再删除！”。

(3)刀具安装：点击“添加”按钮，选择所需的刀具后，点击提交按钮，将添加的刀具安装到模型中。选要卸下的刀具，点击“卸下”按钮，最后点击提交按钮，即可卸下刀具。

3. 自动对刀

点击“工件设置与装夹”，如图 2.1－4 所示，根据下列操作实现自动对刀。设置工件坐标系界面如图 2.1－5 所示。

4. 手动对刀

(1)对 Y 轴对刀，在手动模式下，将刀具移到毛坯的左下方，如图 2.1－6 所示。

点

出现图 2.1－7，将 Y 轴的实际位置坐标输入工件坐标系 G54 的 Y 值。

点击

、再按

，出现图 2.1－8 所示工件坐标系界面。

(2)对 X 轴对刀，首先将刀具放在毛坯的左下方，点击 X，接着按“＋”，如图 2.1－9 所示。

点

出现图 2.1－10，将 X 轴的实际位置坐标输入工件坐标系 G54 的 X 值。

点击

、再按

，出现图 2.1－11。

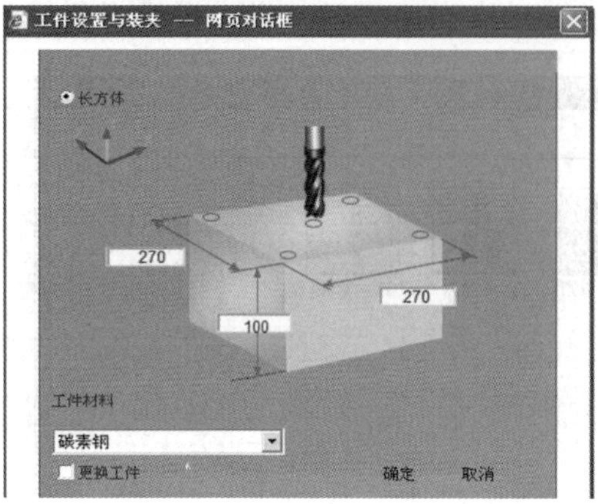

图 2.1-4　自动对刀

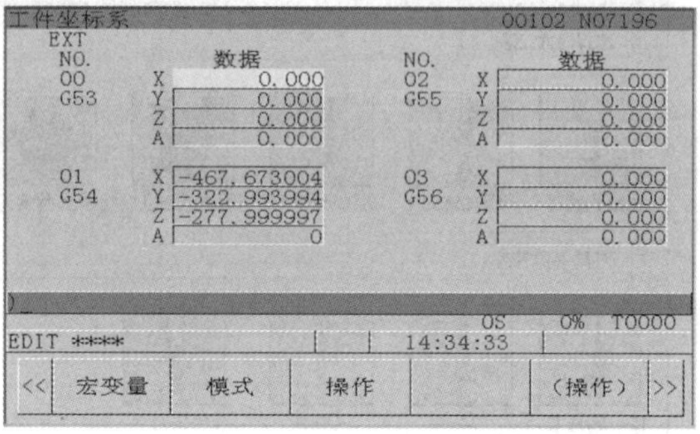

图 2.1-5　设置工件坐标系界面

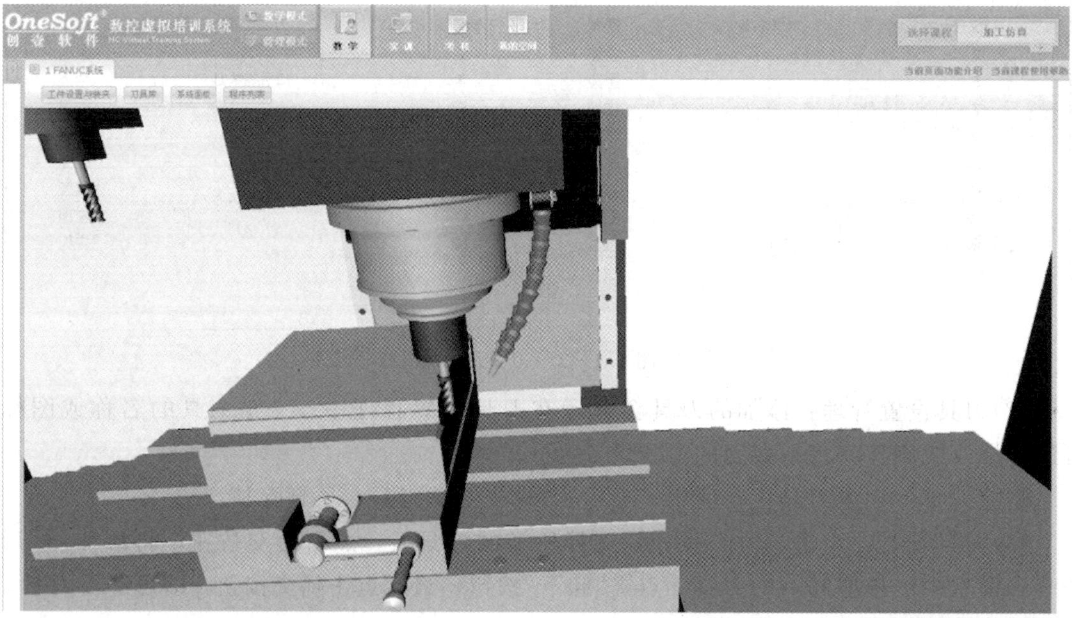

图 2.1-6　Y 轴对刀

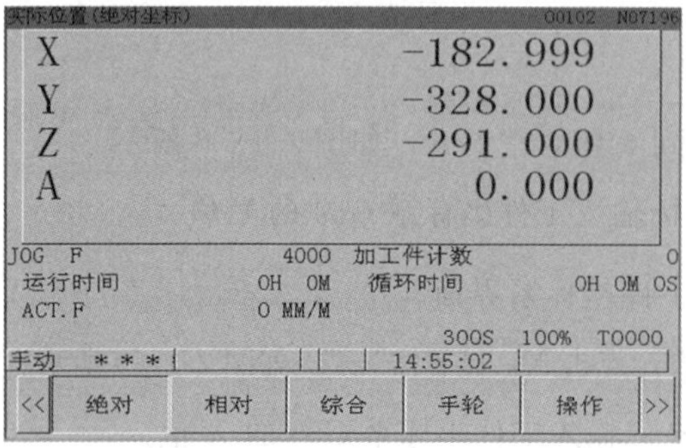

图 2.1-7　设置工件坐标系的 Y 值

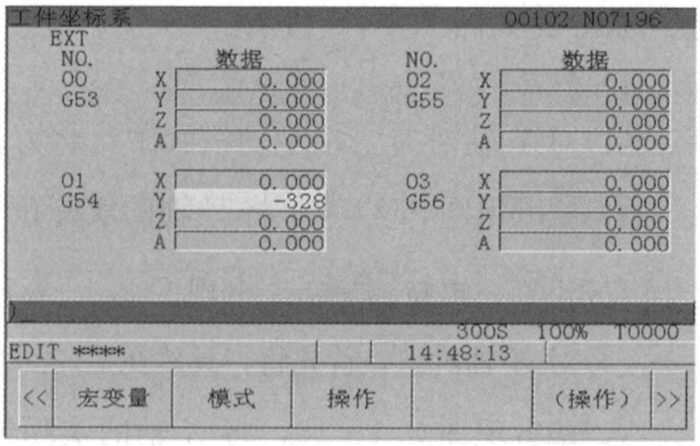

图 2.1-8　工件坐标系界面

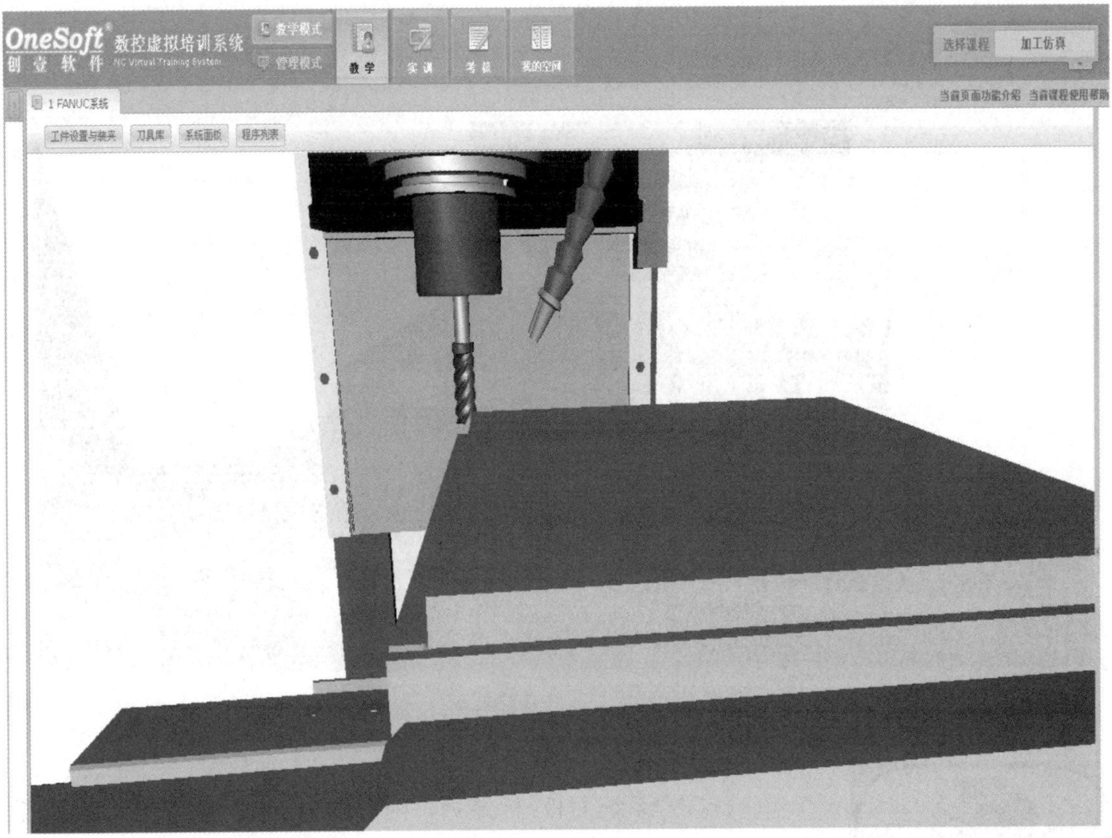

图 2.1－9　X 轴对刀

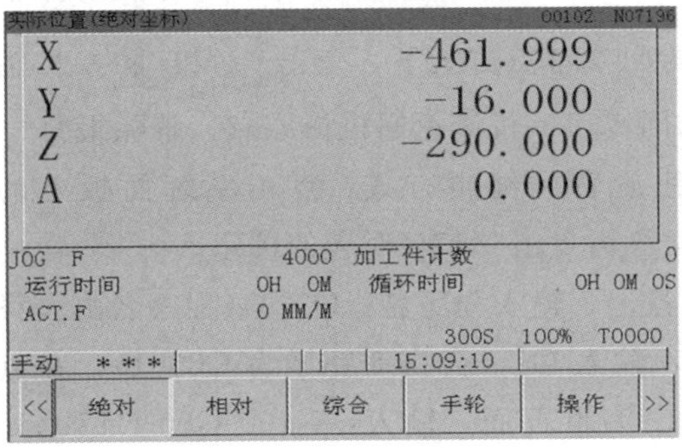

图 2.1－10　设置工件坐标系 X 轴

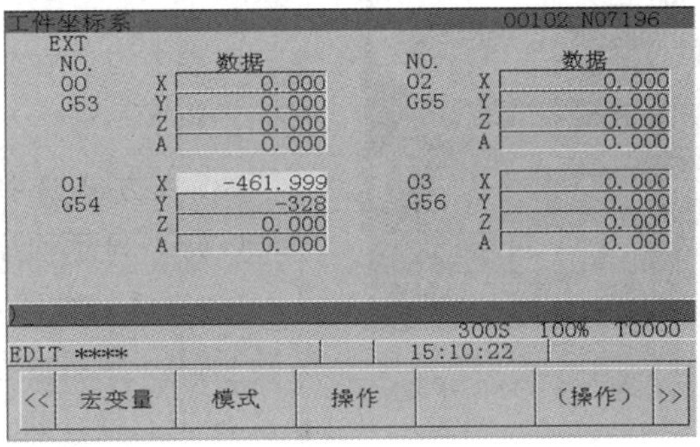

图 2.1－11　工件坐标系界面

(3)最后对 Z 轴对刀，将刀具移到如图 2.1－12 所示的位置。待刀具快接近毛坯表面时，使用手轮来进行调整。手轮如图 2.1－13 所示。

首先调到 Z 轴，进给率为×100，手动旋转转盘，最后用×1 来调整，同时也使用转盘。待将工件稍碰出屑，即 Z 轴对好刀了。

注意：在对 X、Y、Z 轴手动对刀时，若快接近工件时，都要转为手轮操作，减小进给率。

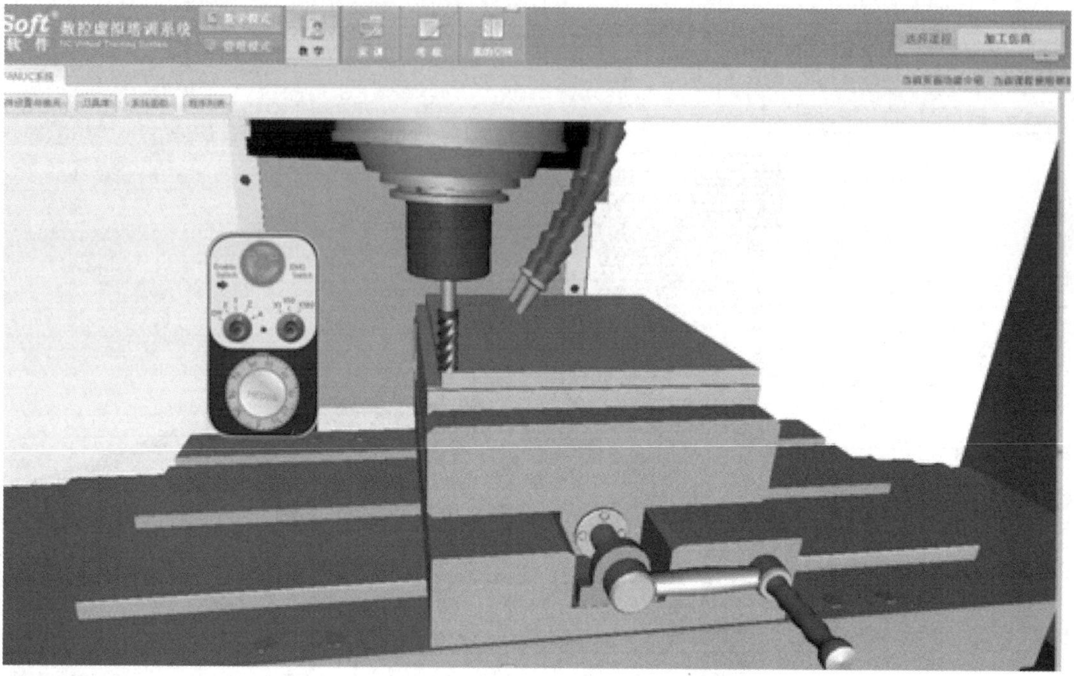

图 2.1-12　Z 轴对刀

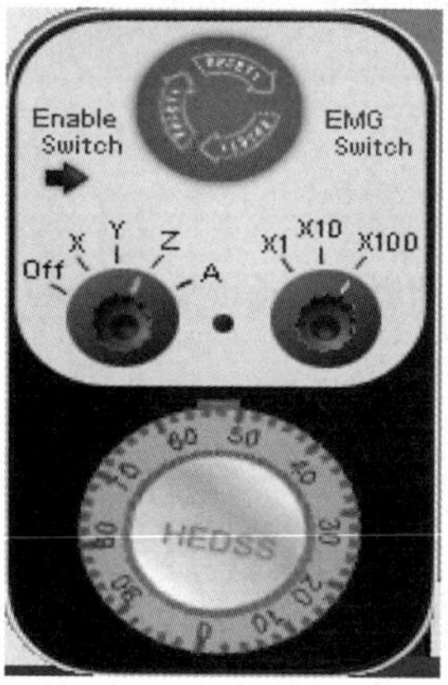

图 2.1-13　手轮

5. 新建程序

(1)点击“系统面板”标签页，随后点击“电源开”按钮，启动系统面板。

(2)启动系统面板后，会出现报警 OFS/SET，需要回参考点解除报警。回参考点：在默认的回参考点方式下，点击 X 和 +，X 轴回零；当 X、Y、Z 轴均回零后，机床返回机械原点，解除报警。

(3)将方式选择旋钮旋转到编辑方式，点击系统面板上的 PROG 键，显示程序画面，再点击“列表”对应的按钮。

(4)在系统面板的键盘上，输入程序名：O1234(程序名由大写字母 O 和 4 位数字组成，输入 O1，会自动补零为 O0001)，并点击 INSERT 键，进入程序编辑页面，输入：N100 G00 G17 G40 G49 G80 G90。编辑程序时，可结合 EOB 键和上下左右光标键。在指令未上传前，使用 CAN 键删除输入的指令。指令上传后，使用 DELETE 键删除指令。

(5)点击“程序列表”标签页，在程序列表页面中，点击浏览按钮，选择所需的程序文件后，点击上传，即可上传程序。程序列表如图 2.1-14 所示。程序显示如图 2.1-15 所示。

6. 加工程序

打开程序后，将方式选择旋钮旋转到自动，点击循环启动按钮，模型会根据程序中的指令进行加工。

输入五角内切圆的程序，并进行加工，加工后的效果如图 2.1-16 所示。

图 2.1 - 14 程序列表

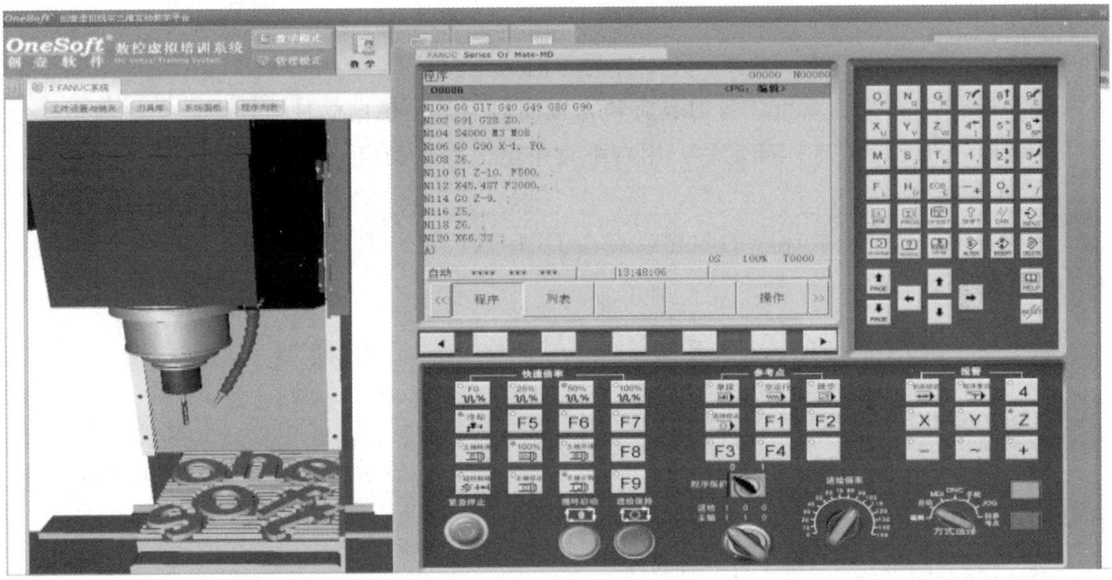

图 2.1 - 15 程序显示

图 2.1 - 16 五角内切圆加工后的效果图

进给倍率：调整的进给倍率越大，加工速度越快。进给倍率越小，加工速度越慢。

进给保持：在加工程序执行期间，点击进给保持按钮，暂时中断进给的功能。

冷却：点击冷却按钮，冷却开，可看到冷却液。再次点击冷却按钮，冷却停止。

主轴正反转：点击主轴正转按钮，主轴正转；此时点击主轴停止按钮，主轴停止转动。

但点击主轴反转前，必须先点击主轴停止按钮。

在 JOG 模式下，点击 X、Y、Z 按钮中的任意一个，再点击“－”或“＋”按钮，会发生相应的变化。

Z 坐标：平行于主轴，刀具离开工件的方向为正。

X 坐标：与 Z 坐标垂直，且刀具旋转，以面对刀具主轴向立柱方向看，向右为正。

Y 坐标：在 Z、X 坐标确定后，用右手直角坐标系来确定。

7. 删除程序

在列表中，选择所要删除的程序，点击 DELETE 键，即可删除该程序。可结合上下左右光标键进行移动。

2.1.2 西门子(Siemens)系统

1. Siemens 系统面板按键操作

(1)：加工显示键。按此键后，屏幕立即回到加工显示的画面，在此可以看到当前各轴的加工状态。

：向上翻页键。：向下翻页键。

：光标向上键。上档：向上翻页键。：光标向下键；上档：向下翻页键。

：光标向右键。：光标向左键。

：删除键(退格键)。在程序编辑画面时，按此键删除(退格)消除前一字符。

：报警应答键。报警出现时，按此键可以消除报警(取决于报警级别)。

：系统帮助页面。

：选择/转换键。在设定参数时，按此键可以选择或转换参数。

：回车/输入键。按此键确认所输入的参数或换行。

：上档键。按数字键或者字符键时，同时按此键可以使该数字/字符的左上角字符生效。

：空格键：在编辑程序时，按此键插入空格。

(2)控制面板区

：电源上电，表示电源正常供电。

：电源关闭，表示电源停止供电。

：MDA 方式键：在此方式下手动编写程序，然后自动执行。

：自动方式键：按此键切换到自动方式，按照加工程序自动运行。

：手动方式，手动连续移动台面或者刀具。

：机床复位回到机床的机械原点。

：增量选择。按此键可以进行增量方式的选择，范围为：×1，×10，×100，×1000 行。

：循环启动键：按此键运行一程序段，机床运动轴减速停止，刀具和主轴电机停止运行；再按一下按键又执行下一程序段，执行完后又再次停止。这六个模式是互斥的关系：在 MDA 方式下输入一完整的程序指令段，按“循环启动”按钮才能实现其功能；在 Auto 方式下可以对已经编辑好的程序进行加工；只有在手动方式下才能实现对刀具位置的移动，以及刀位的转换，冷却液的开关。

(3)：主轴键。主轴正、反转，主轴停止。

(4)：数控停止键。按此键，当前执行的程序中断执行，系统停止运行；数控启动键。按此键，系统开始执行程序，进行加工。

：复位键。按此键，系统复位，当前程序中断执行。

(5)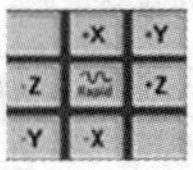：方向键，选择要移动的轴。：快速移动。

(6)：紧急停止旋钮。机床运行过程中，在危险或紧急情况下按下急停按钮，CNC 即进入急停状态。伺服进给及主轴运转立即停止工作(控制柜内的进给驱动电源被切断)。松开急停按钮，左旋此按钮，自动跳起，CNC 进入复位状态。每次解除急停后都必需回参考点。

2. 程序编辑

(1)开机：接通 CNC 和机床电源，系统引导以后进入，出现“回参考点”窗口。

(2)回参考点：“回参考点”只有在方式下才可以运行，用机床控制面板方向键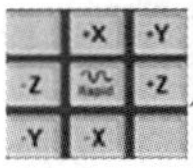启动回参考点运行。

按坐标轴方向键，如果选错了方向，则不会产生运动，给每个坐标轴逐一回参考点。通过选择另一种运行方式(如 MDA、AUTO、JOG)可以结束该功能。

(3)新建程序：手动编辑程序和上传程序。程序显示如图 2.1-17 所示。

点击键，出现新建目录的页面。新建目录如图 2.1-18 所示。

点击新目录，弹出的窗口，可以输入新的程序名(随意的数字和字母)，最后点击确认。

在主屏幕上输入加工程序。新的程序名显示如图 2.1-19 所示。加工程序显示，如图 2.1-20 所示。

最后再点击键，即可找到刚输入的新程序名。

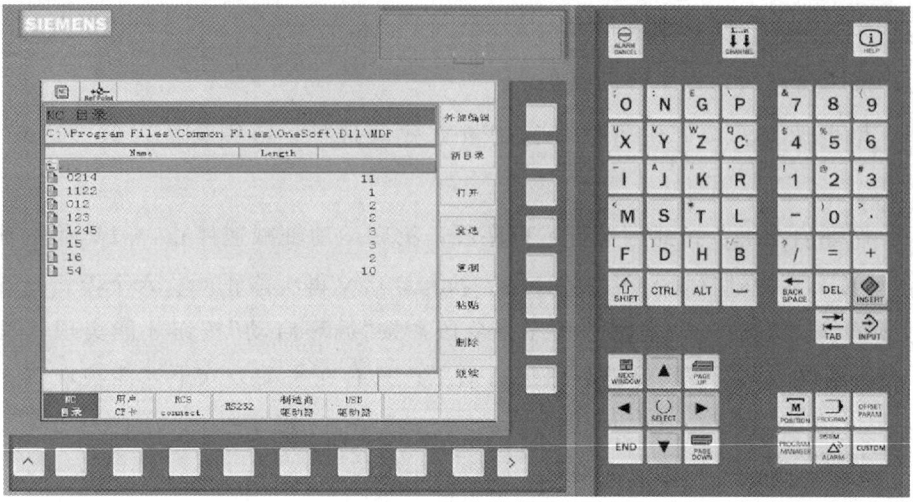

图 2.1-17　程序显示

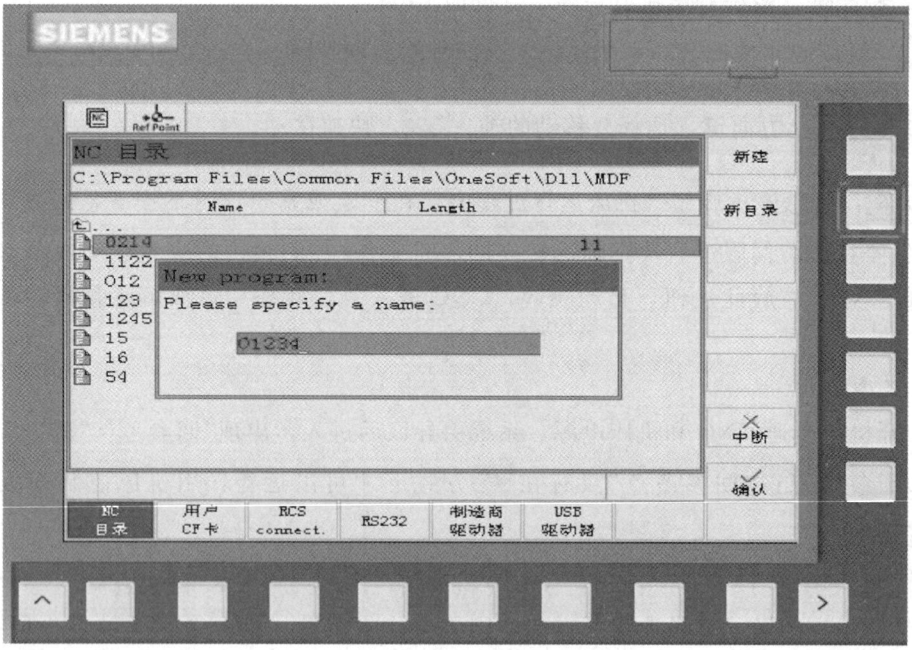

图 2.1-18　新建目录

点击"程序列表"标签页，在程序列表的页面中，点击浏览按钮，选择所需的文件后，点击上传，即可上传程序。新程序名显示如图 2.1-21 所示。

(4)删除程序

将光标移到所要删除的程序名，点击删除所对应的软键即可删除程序。删除程序如图 2.1-22 所示。

3. 加工

(1)启动"系统面板"标签页，随后点击 on 按钮，启动系统面板。

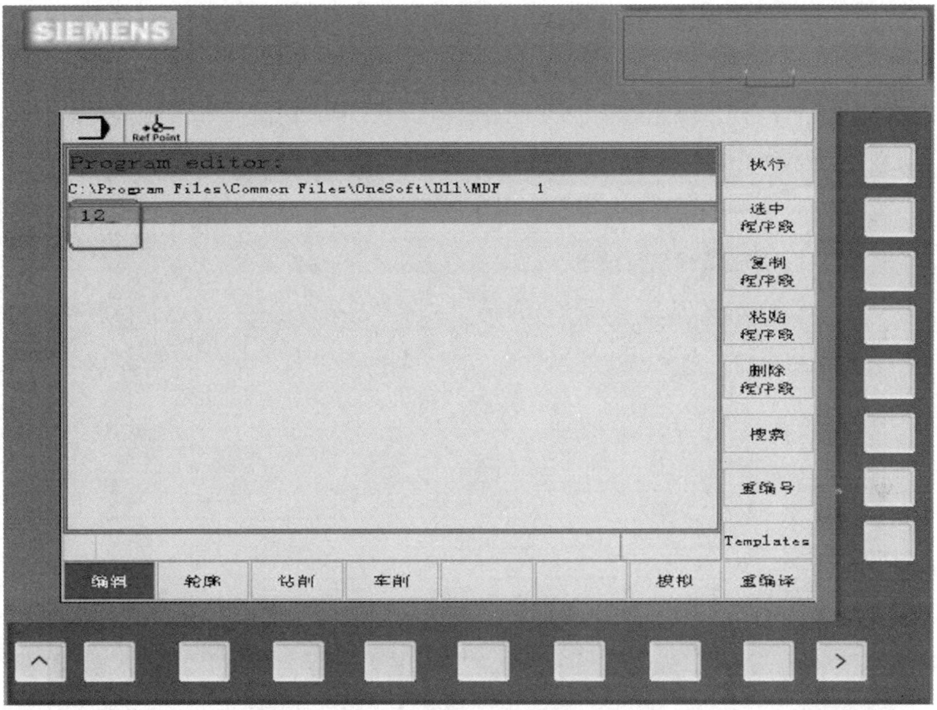

图 2.1－19　新的程序名显示

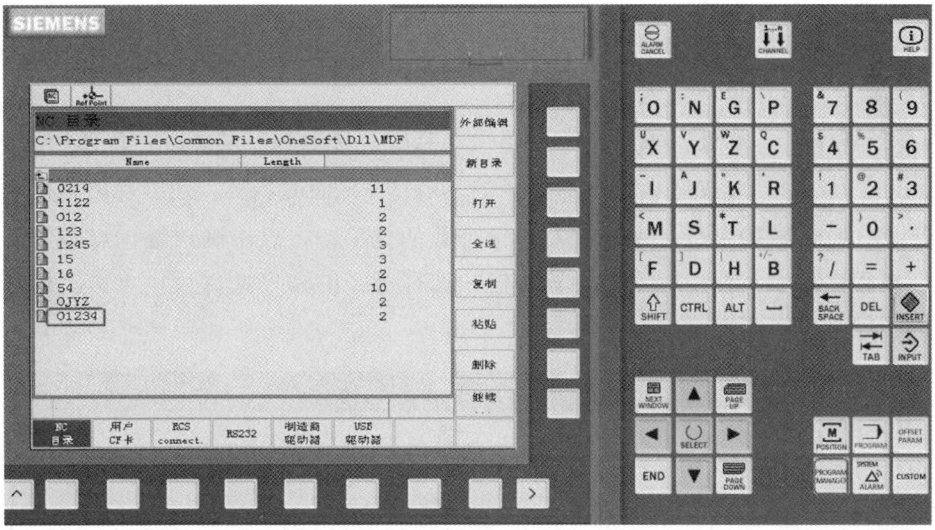

图 2.1－20　加工程序显示

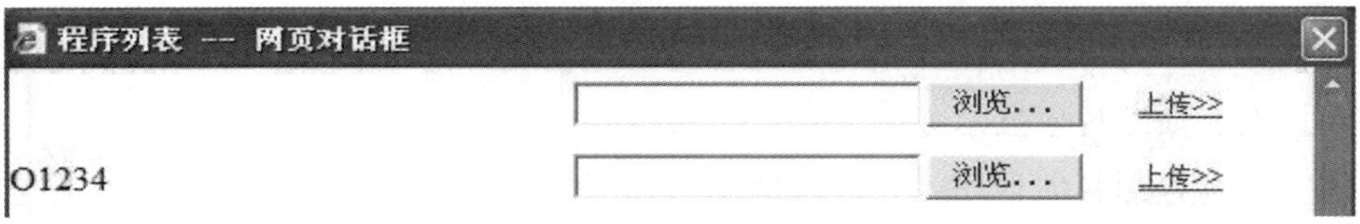

图 2.1－21　新程序名显示

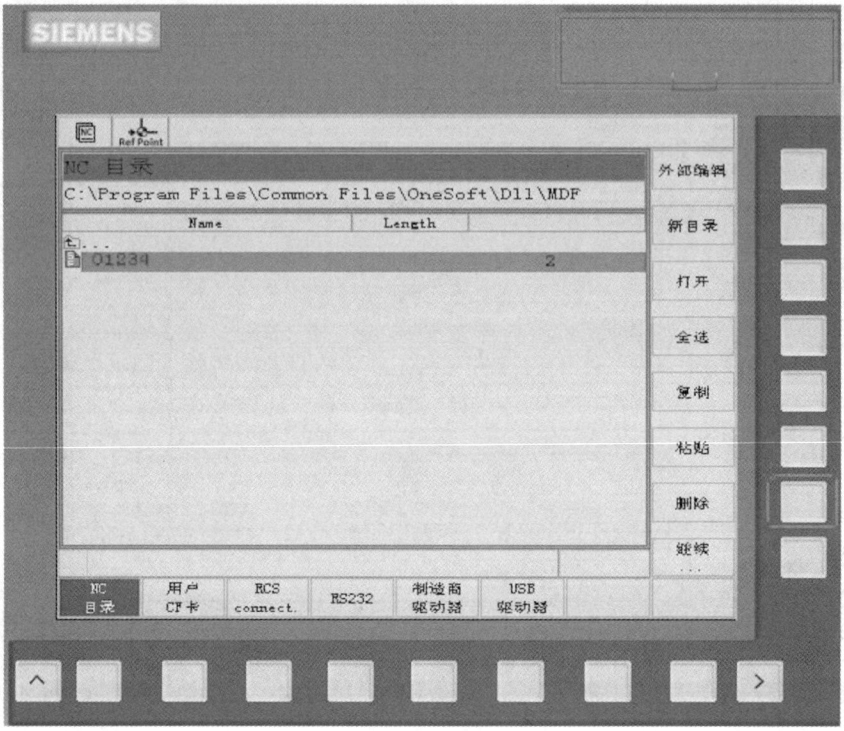

图 2.1－22　删除程序

(2)启动面板后，在手动方式下，按住回零，按住、、，X、Y、Z均回零后，机床返回机械原点。

(3)在按钮下，系统进入编辑状态，编辑好之后，切换到自动状态，按循环启动。

按钮。(或按按钮，点击屏幕上的所对应的软键，建立新的程序名，任意个数数字、任意个数的字母、字母O+任意个数的数字>，点击确认键，点击“程序列表”标签页，在程序列表页面中，点击浏览按钮，选择所需的程序文件后，点击上传，即可上传程序。)程序列表，如图2.1－23所示。

图 2.1－23　程序列表

打开程序后，将方式选择旋钮旋转到自动，点击循环启动按钮，模型会根据程序中的指令进行加工。加工程序显示如图2.1－24所示。

输入“五角内切圆”的程序，并进行加工，加工后的效果如图2.1－25所示。

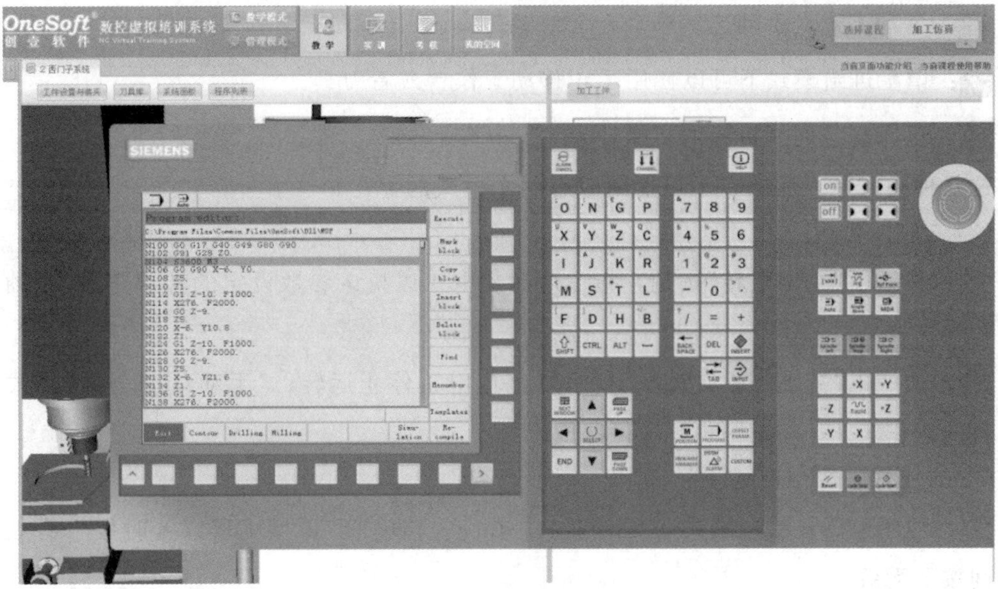

图 2.1-24　加工程序显示

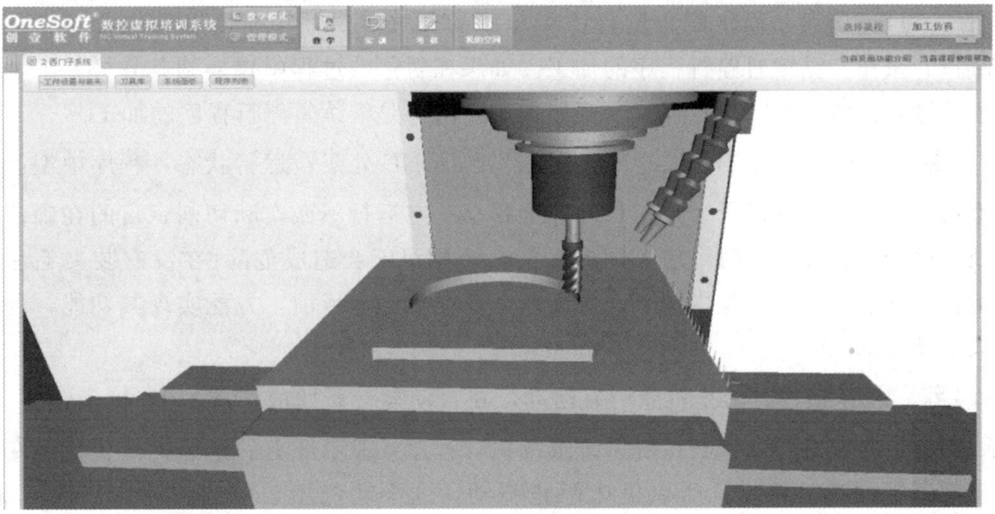

图 2.1-25　五角内切圆加工后效果图

2.1.3　华中数控系统

1. HNC 面板按键操作说明

(1)方式选择

自动：置于自动加工模式下，按“循环启动”自动运行程序加工零件。

单段：按一下“循环启动”按键运行一程序段，机床运动轴减速停止，刀具、主轴电机停止运行；再按一下“循环启动”按键又执行下一程序段，执行完了后又再次停止。

手动：手动方式，手动连续移动台面或者刀具。

增量：增量进给模式下可以使用手轮移动工作台或者刀具。

回参考点：机床复位回到机床的机械原点。

这几种模式是互斥的，不可能同时有两个模式的存在。

(2)主轴控制

主轴正转：按一下“主轴正转”按键，指示灯亮主电机以机床参数设定的转速正转(主轴反转相仿)。

主轴停止：按一下“主轴停止”按键，指示灯亮主电机停止运转。“手动”或“增量”模式下才能正常的运作。

(3)数控程序运行控制开关

循环启动：程序运行开始；模式选择旋钮在“Auto”、“单段”和“MDI”位置时按下有效，其余时间按下无效。

进给保持：程序运行停止，在数控程序运行中，按下此按钮停止程序运行。在加工过程中按下“保持进给”按钮，程序停止运行，冷却液的开关、主轴转速、刀具位置不变，再按“循环启动”按钮，继续暂停行程序的加工。如果在暂停的过程中置换到其它模式下，移动刀具的位置，则置换回“自动”模式下开始加工，同样是继续暂停行程序的加工。

(4)空运行：空运行。在自动方式下，按下此键，CNC处于空运行状态，程序中编制的进给速率被忽略，坐标轴以最大快速移动速度移动。空运行不做实际切削，目的在确认切削路径及程序。在实际切削时，应关闭此功能，否则可能会造成危险(在没有装夹毛坯的情况下运行，在程序运行过程中按下此键无效，要在程序运行前，方能实现其功能，程序运行结束自动解除)。

(5)机床锁住：机床锁住。禁止机床所有运动，在自动运行开始前，按一下“机床锁住”按键(指示灯亮)，再按“循环启动”按键系统继续执行程序，显示屏上的坐标轴位置信息变化但不输出伺服轴的移动指令，所以机床停止不动，这个功能用于校验程序。正常情况下，“空运行”与“机床锁住”是配合使用，来验证首次程序的切削路径是否合理正确，程序是否有误。

(6)换刀允许：刀位转换。在手动方式下按一下刀位转换按键，转塔刀架转动一个刀位(也就是手动换刀)。

(7)超程解除：超程解除。在伺服轴行程的两端各有一个极限开关，作用是防止伺服机构碰撞而损坏，每当伺服机构碰到行程极限开关时，就会出现超程。当某轴出现超程(“超程解除”按键内指示灯亮时)，系统视其状况为紧急停止，要退出超程状态时必须：①松开急停按钮置工作方式为手动或手摇方式。②一直按压着超程解除按键，控制器会暂时忽略超程的紧急情况。③在手动(手摇)方式下使该轴向相反方向退出超程状态。④松开超程解除按键。若显示屏上运行状态栏运行正常，表示恢复正常可以继续操作，我们所实现的是超程时按下“超程解除”按钮(按钮灯亮)，待解除了，超程灯灭。

(8)冷却开/停：冷却启停。在手动方式下，按一下“冷却开/停”冷却液开，默认值为冷却液关，再按一下又为冷却液开，如此循环。

(9)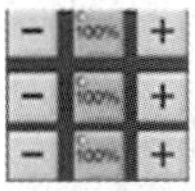

：主轴修调。主轴正转及反转的速度可通过主轴修调调节，按压主轴修调右侧的100%按键，指示灯亮。主轴修调倍率被置为100%，按一下“+”按键，主轴修调倍率递增5%，按一下“−”按键，主轴修调倍率递减5%(机械齿轮换档时，主轴速度不能修调)。

(10)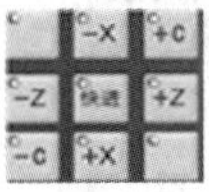

：手动移动机床台面按钮。

(11)：急停按钮。机床运行过程中，在危险或紧急情况下按下急停按钮，CNC即进入急停状态。伺服进给及主轴运转立即停止工作(控制柜内的进给驱动电源被切断)。松开急停按钮，左旋此按钮，自动跳起，CNC进入复位状态。每次解除急停后都必需回参考点。

(12)编辑键

Alt：替代键，用输入的数据替代光标所在的数据。Del：删除键，删除光标所在的数据。Esc：取消键，取消当前操作。SP：空格键，空出一格。BS：退格键，删除光标前的一个字符光标向前移动一个字符位置，余下的字符左移一个字符位置。Enter：确认键，确认当前操作；结束一行程序的输入并且换行。Upper：上档键。PgUp：向上翻页，使编辑程序向程序头滚动一屏，光标位置不变。如果到了程序头，则光标移到文件首行的第一个字符处。PgDn：向下翻页，使编辑程序向程序尾滚动一屏，光标位置不变。如果到了程序尾，则光标移到文件末行的第一个字符处。

2. 程序编辑

(1)导入程序

①打开NC开关，置模式旋钮在“回参考点”位置，选择Z轴正方向，即Z轴回参考点，待机床运作停止后，同理选择X轴正方向。

②选择磁盘程序“浏览”选择已保存的TXT程序，文本确定后上传，选择“自动加工”菜单中的“程序选择”。按F1选择磁盘程序。华中数控操作面板如图2.1-26所示，磁盘程序显示，如图2.1-27所示。

③按光标▲▼选择其中的程序，按“ENTER”键，选中的程序被打开。程序显示如图2.1-28所示。

④在“自动”模式下，按“循环启动”键，程序可运行。

(2)新建程序：

①按“编辑程序 F2”弹出“文件编辑”列表，再按 F2 弹出“输入新文件”显示栏，能够开始输入新文件。文件管理菜单显示如图 2.1-29 所示。

②在“输入新文件”栏中输入新文件名 6666，如图 2.1-30 所示。

③按 ENTER 键系统将自动产生一个新程序即可进行编辑，如图 2.1-31 所示。

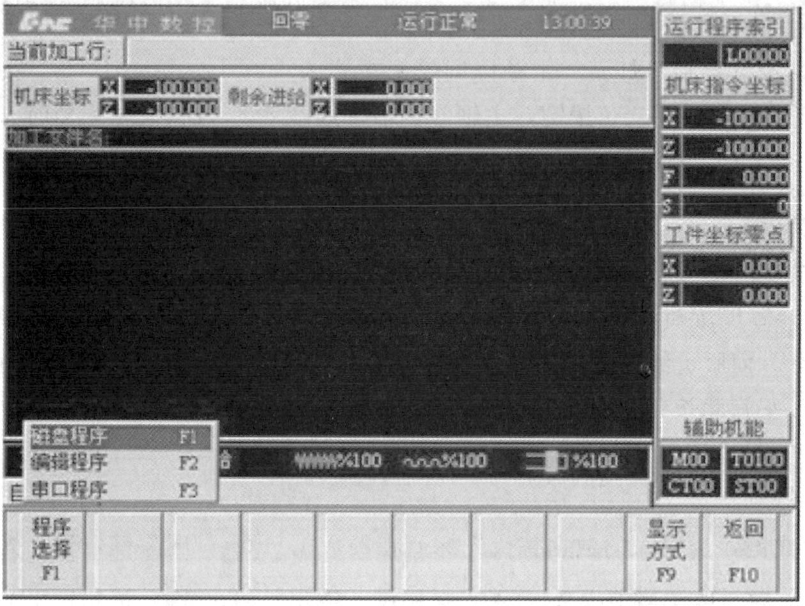

图 2.1-26　华中数控操作面板

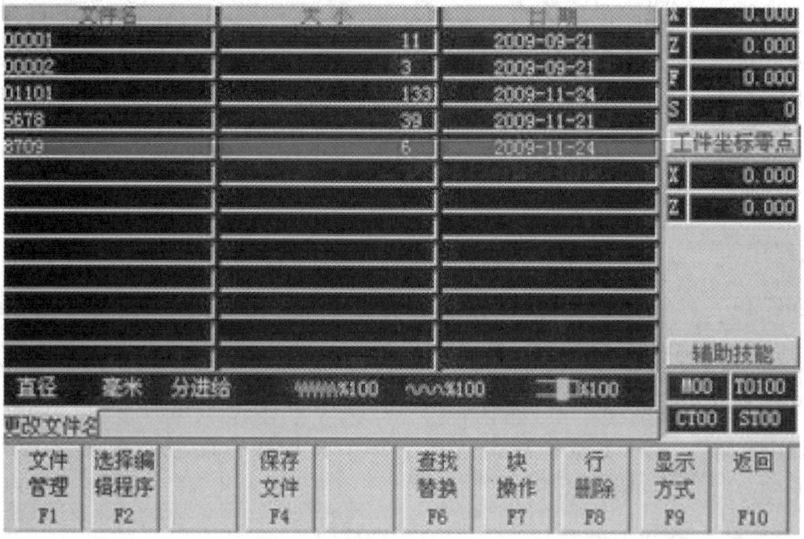

图 2.1-27　磁盘程序显示

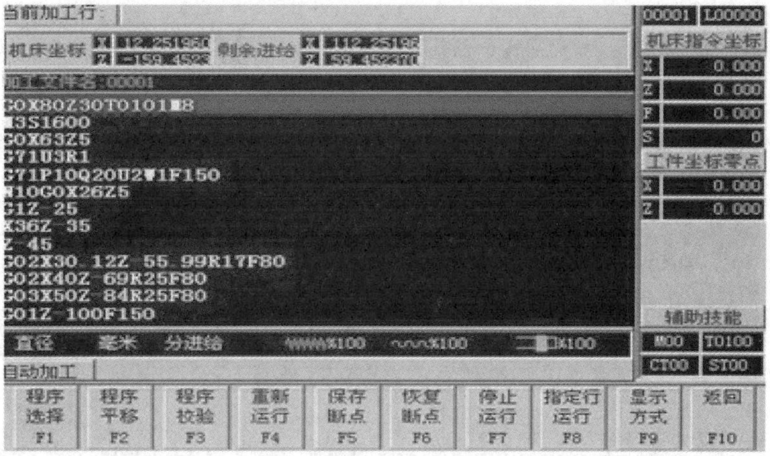

图 2.1-28　程序显示

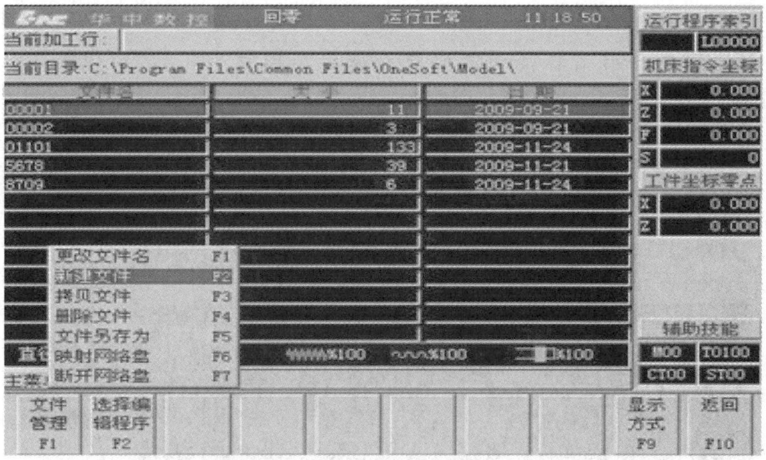

图 2.1-29　文件管理菜单显示

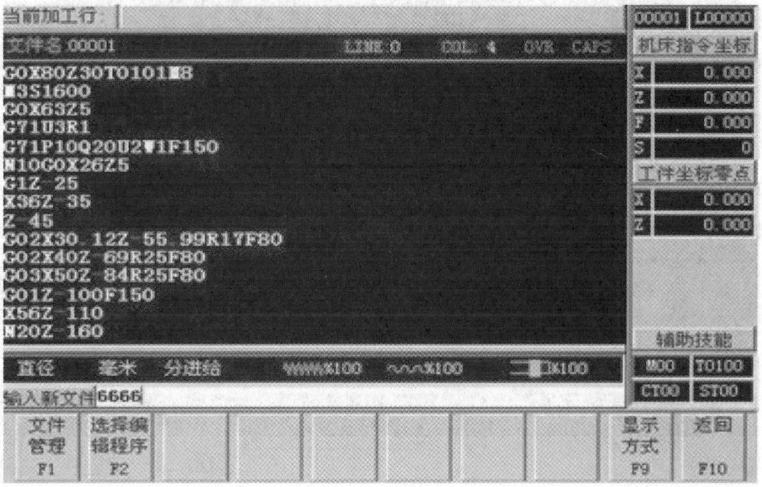

图 2.1-30　输入新文件名显示

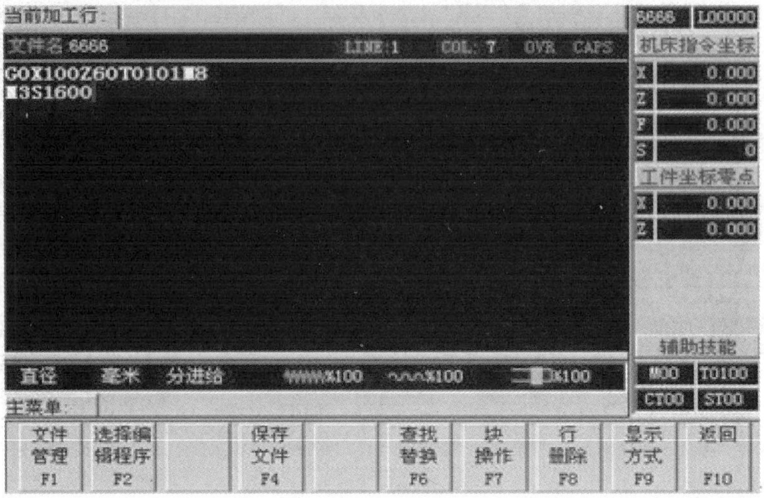

图 2.1－31　生成新文件名显示

注意：新文件不能和当前目录中已经存在的文件同名。

(3)保存程序：编辑好程序后按 F4 保存文件(不能保存空程序)，如图 2.1－32 所示。

如果要上传已编辑好的程序，按“浏览”按钮，用户可以将编写好的 TXT 文本文档直接上传，程序列表会生成一个新的文件名，如图 2.1－33 所示。

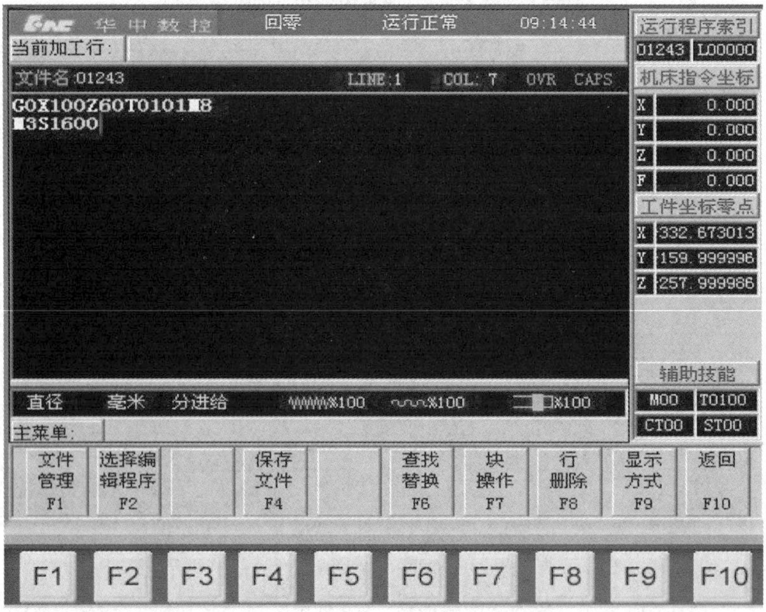

图 2.1－32　保存程序显示

图 2.1－33　程序列表

(4)选择当前正在加工的程序进行编辑

①在调出加工程序后，按 F10 键返回功能菜单，按 F2 出现“正在加工的程序”，再按 F2 进入编辑状态，如图 2.1－34 所示。

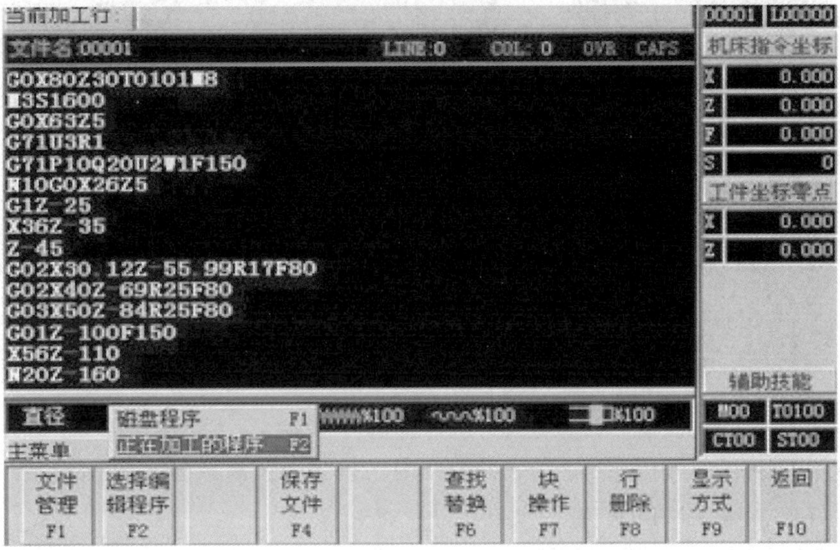

图 2.1－34 “正在加工的程序”显示

②按光标键，再配合编辑键，即可进行程序编辑。

(5)更改程序名

①按程序编辑菜单中“文件管理 F1”，出现”更改文件名 F1“，如图 2.1－35 所示。

②按 F1，用上下光标键选择所要更改文件名的程序，如图 2.1－36 所示。

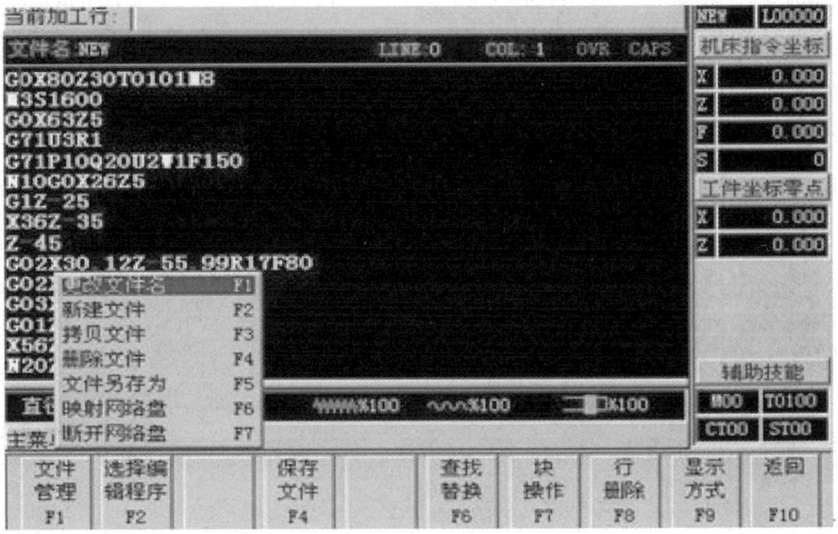

图 2.1－35 “更改文件名 F1”显示

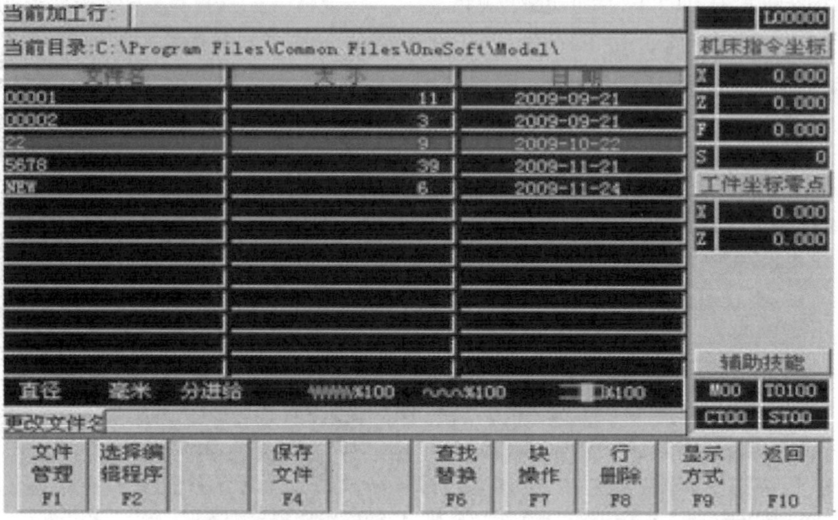

图 2.1 - 36　程序文件显示

③按“ENTER”键，用“光标”、“BS”、“DEL”键进行编辑修改，如图 2.1 - 37 所示。

④修改好后，按“ENTER”键，如图 2.1 - 38 所示。

⑤如确实要更改选中的程序名按“Y”，否则按“N”，如图 2.1 - 39 所示。

(6)删除程序

①按程序编辑菜单中“文件管理 F1”，如图 2.1 - 40 所示。

②按 F4，用上下光标选择要删除的程序，如 O0002 按“ENTER”键，如图 2.1 - 41 所示。

③如确实要删除选中的程序，按“Y”，否则按“N”，如图 2.1 - 42 所示。

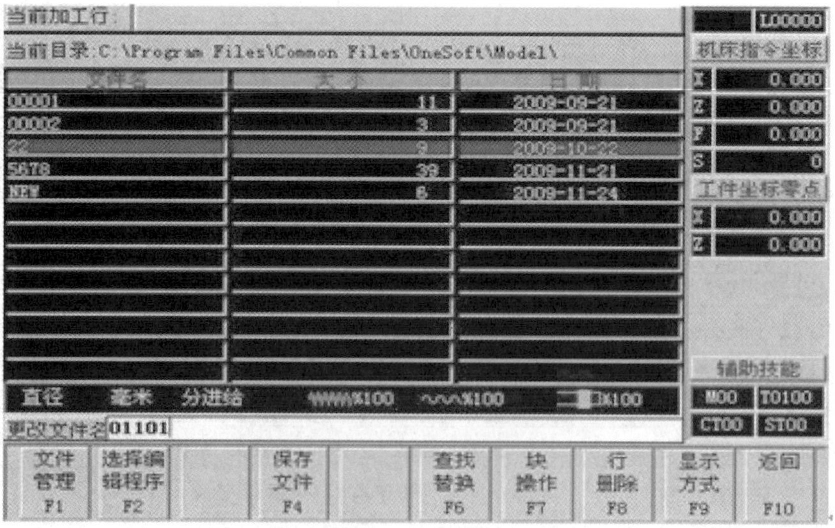

图 2.1 - 37　输入文件名显示

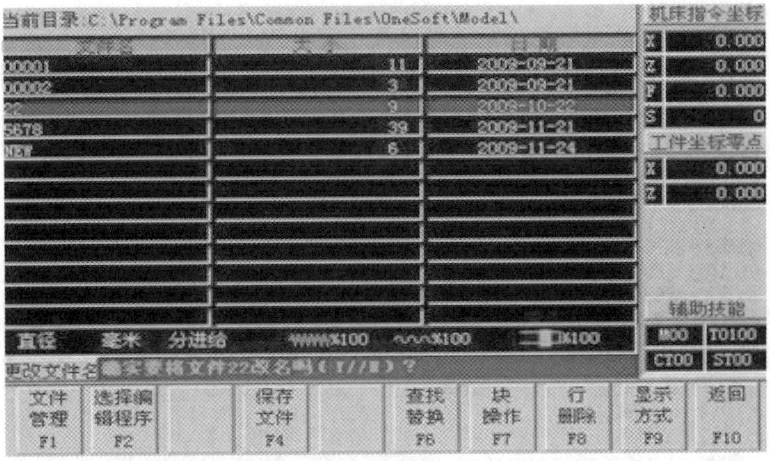

图 2.1－38 文件名更改确认显示

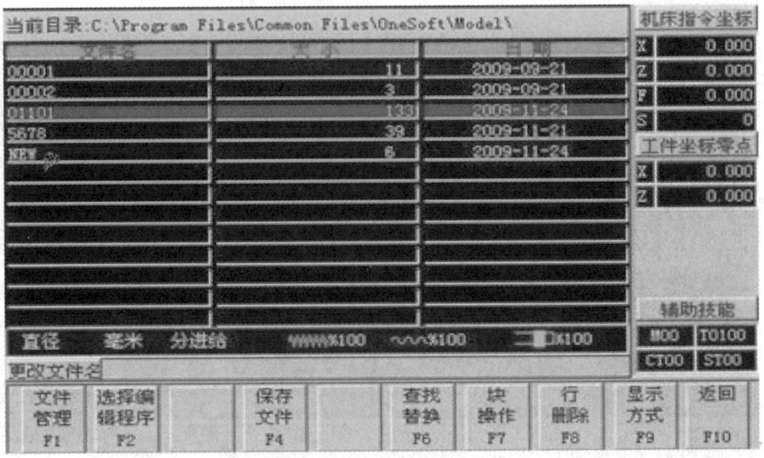

图 2.1－39 更改文件名显示

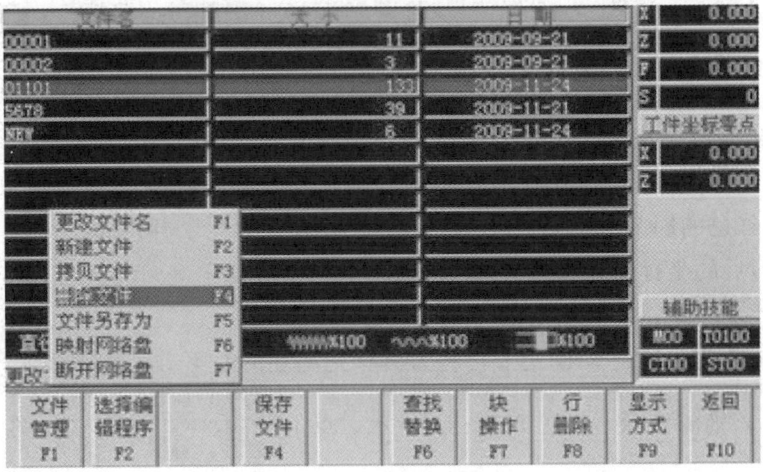

图 2.1－40 删除文件显示

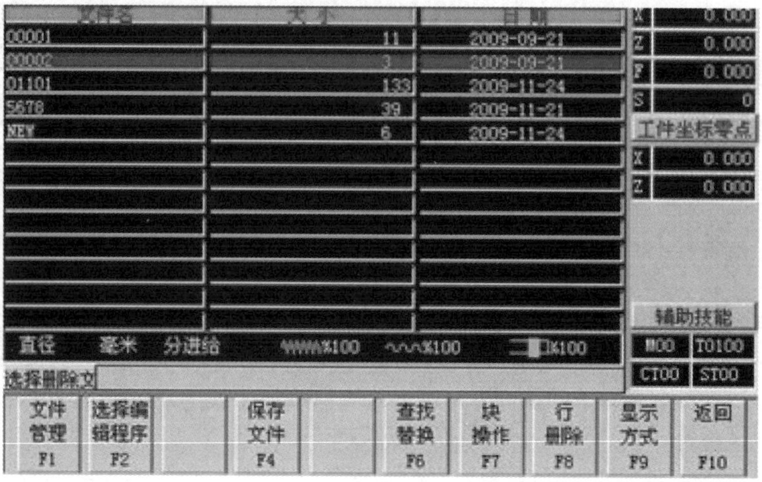

图 2.1-41 程序文件显示

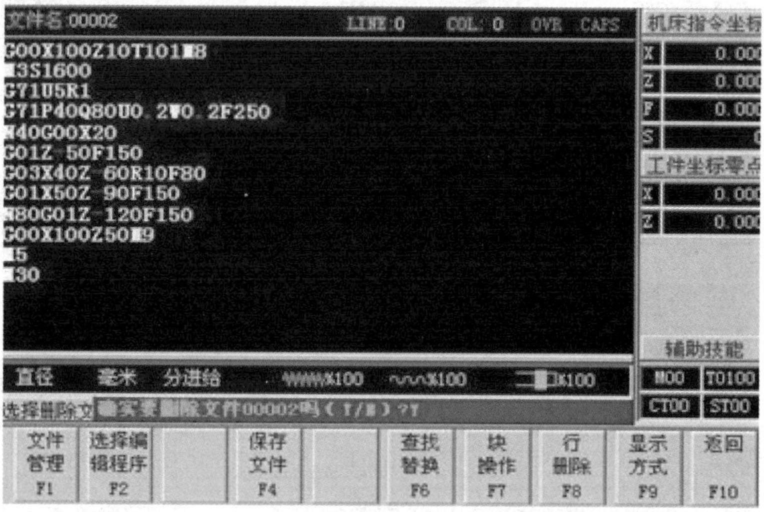

图 2.1-42 删除程序确认显示

3. 自动对刀

在“工件设置与装夹”标签页中，在毛坯上点击左下方，出现如图 2.1-43 所示对话框。

毛坯上方红色的即为对刀点，也为机床原点(图中的 5 个圆圈都为对刀点，依据编程者而定)。对刀后的坐标值如图 2.1-44 所示。

4. 手动对刀

(1)对 Y 轴对刀。在手动模式下，将刀具移到毛坯的左下方，如图 2.1-45 所示。

记下此时 Y 轴的坐标，如图 2.1-46 所示。点击

、

按钮，如图 2.1-47 所示。

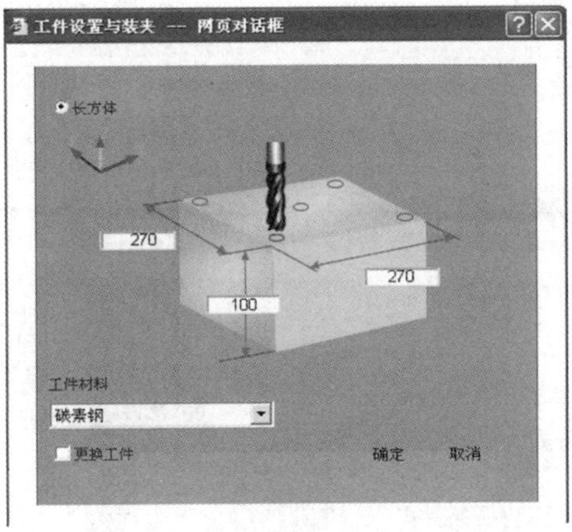

图 2.1-43　工件设置与装夹对话框

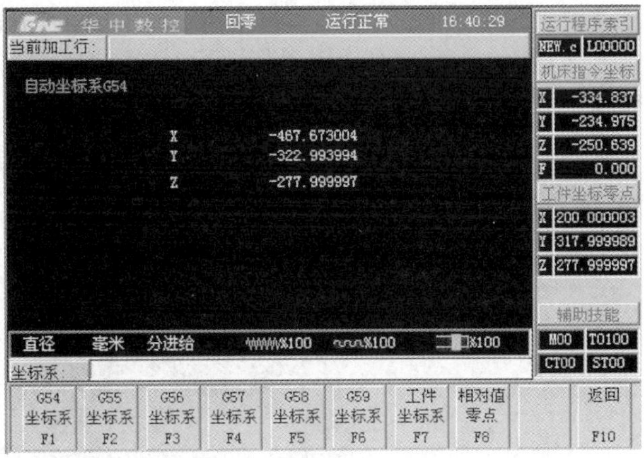

图 2.1-44　坐标值显示

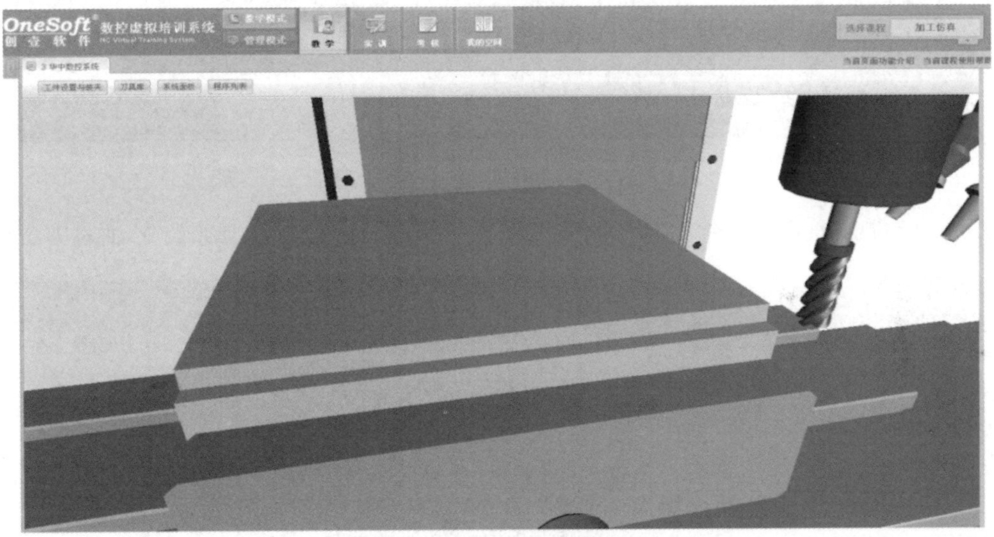

图 2.1-45　Y 轴对刀显示

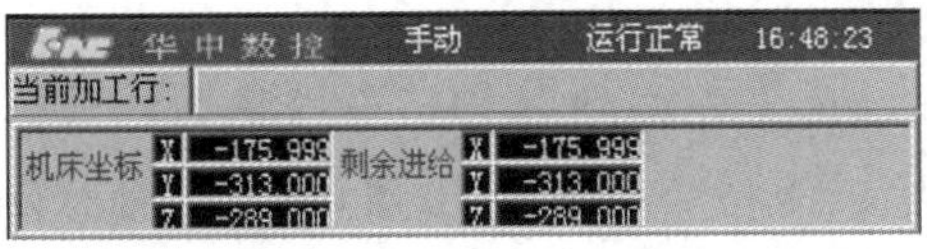

图 2.1-46　Y 轴坐标显示

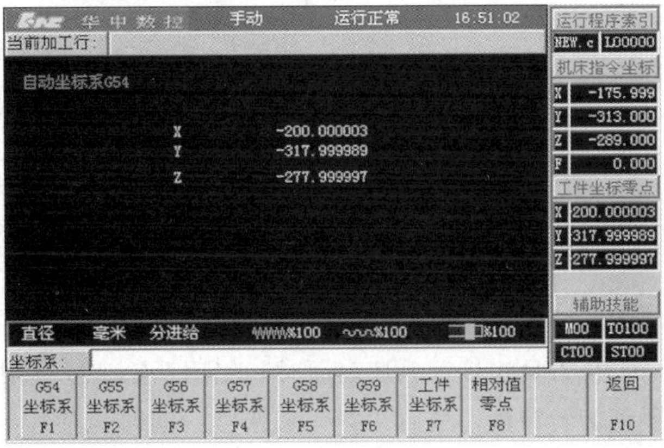

图 2.1-47　自动坐标系显示

输入“Y”、“正负号”、“数字”，点击 ENTER，即可。

(2)对 X 轴对刀，首先将刀具放在毛坯的左下方，按“＋Y”，显示如图 2.1－48 所示，其余与对 Y 轴对刀类似。

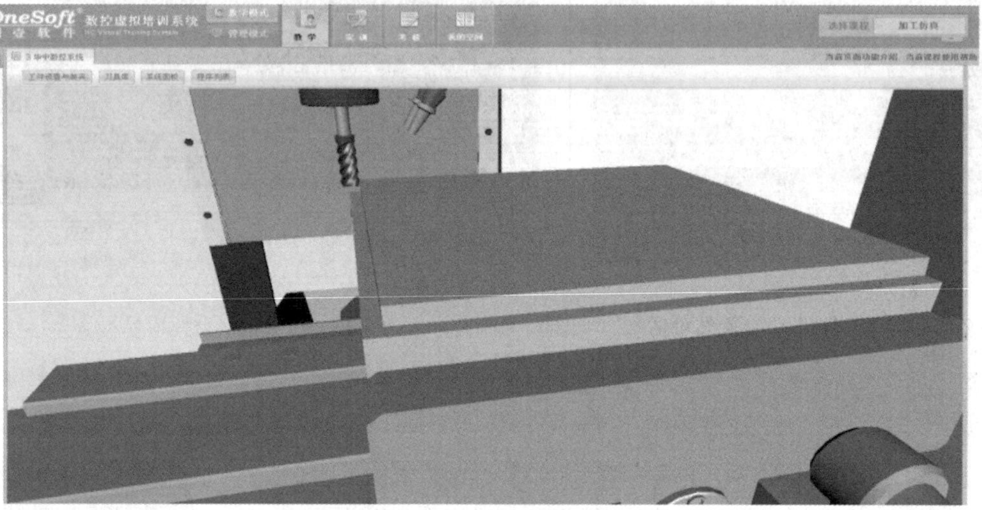

图 2.1－48　X 轴对刀显示

(3)最后对 Z 轴对刀，将刀具移到如图 2.1－49 所示的位置，其余与 Y 轴对刀类似。

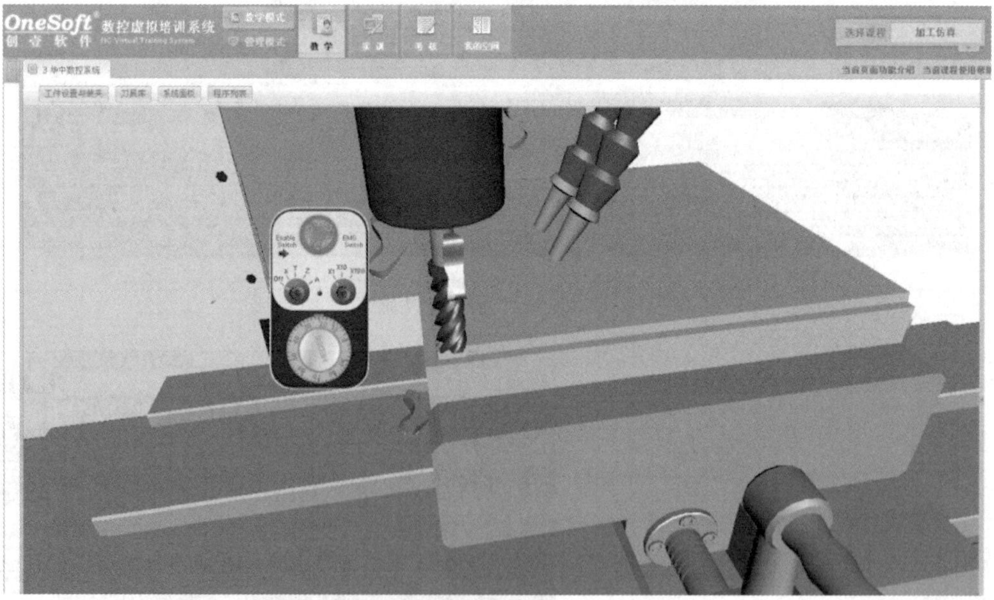

图 2.1－49　Z 轴对刀显示

待刀具快接近毛坯表面时，使用手轮来进行调整。首先先调到 Z 轴，进给率为×100，手动旋转转盘，最后用×1 来调整，同时也使用转盘。待将工件稍碰出屑，即 Z 轴对好刀了。

注意： 在对 X、Y、Z 轴手动对刀时，若快接近工件时，都要转为手轮操作，减小进给率(手动对刀都可用手轮操作)。

5. 新建程序

(1)点击“系统面板”标签页，将机床保护旋钮旋转到“1”，随后点击“ON”按钮，启动系统面板。

(2)启动系统面板后，需要回参考点，在默认的参考点方式下，点击“＋X”、“＋Y”、“＋Z”，当 X、Y、Z 轴均回零后，机床返回机械原点。

(3)点击“程序编辑”所对应的软键 F2，点击文件管理所对应的软键 F1，选择新建文件，输入文件名(以英文字母 O 和四个数字组成)，按 ENTER，随意输入一个数字，点击保存文件。

(4)点击“程序列表”标签页，在程序列表页面中，点击浏览按钮，选择所需的程序文件名后，点击上传，即可上传程序，上传后程序如图 2.1－50 所示。

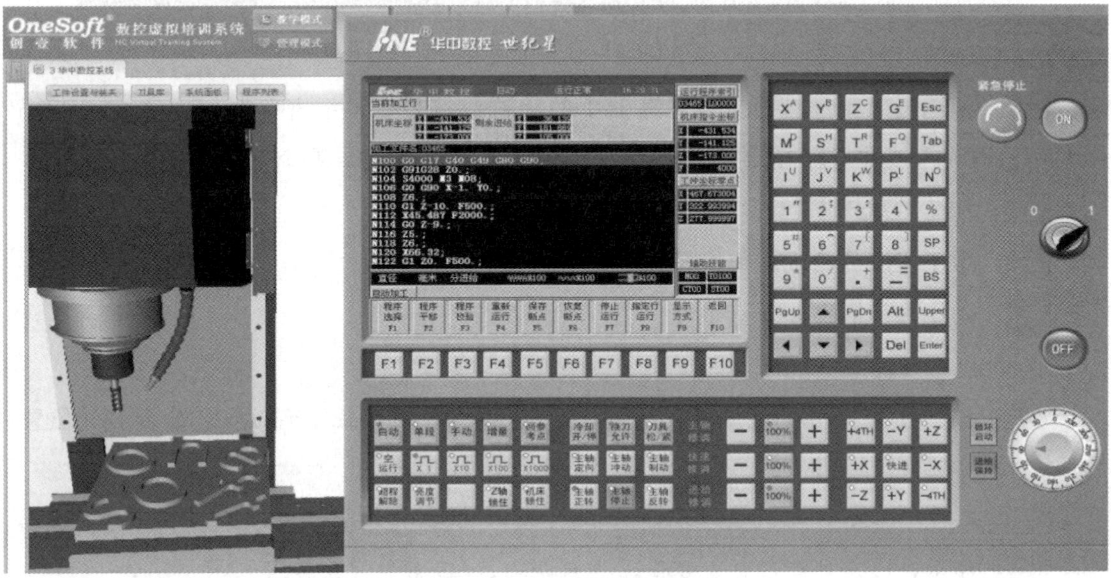

图 2.1－50 上传程序显示

6. 加工程序

打开程序后，将方式选择旋钮旋转到自动，点击循环启动按钮，刀具会根据程序中的指令进行加工，加工后效果图如图 2.1－51 所示。

2.1.4 广州数控系统

1. GSK 面板按键操作说明

(1)编辑键

转换 CHG：位参数、位诊断含义显示方式的切换。

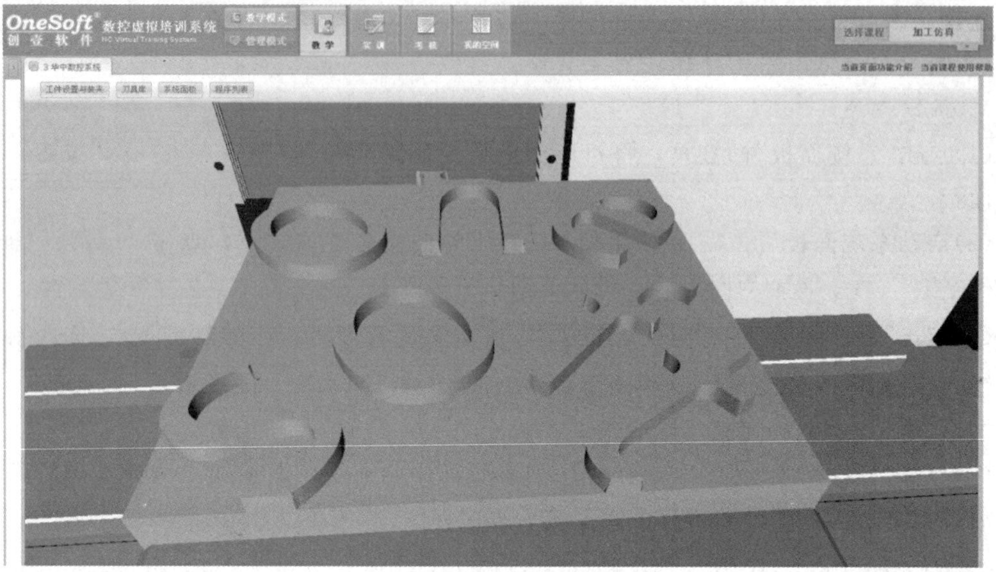

图 2.1－51　加工后效果图

取消 CAN：消除输入到键输入缓冲寄存器中的字符或符号。键缓寄存器的内容由 CRT 显示。例：键输入缓冲寄存器的显示为：N001 时，按(CAN)键，则 N001 被取消。

删除 DEL：用于程序的删除的编辑操纵。

修改 ALT：用于程序的修改的编辑操纵。

插入 INS：用于程序的插入的编辑操纵。

(2)页面切换键

位置 POS：按下其键，CRT 显示现在位置，共有四页，[相对]、[绝对]、[综合]，[位置/程序]，通过翻页键转换。

程序 PRG：程序的显示、编辑等，共有三页，[MDI/模]、[程序]、[目录/存储量]。

刀补 OFT：显示，设定补偿量和宏变量，共有两项，[偏置]、[宏变量]。

报警 ALM：显示报警信息。

设置 SET：显示设置各种设置参数，参数开关及程序开关。

参数 PAR：显示设定参数。

诊断 DGN：显示各种诊断数据。

(3)翻页按钮

：使 LCD 画面的页逆、顺方向更换。

(4)光标移动

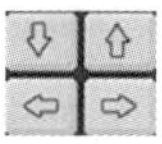：使光标向上、下、左、右移动一个区分单位。

(5)复位键

：此键为在修改了一段程序之后，要进行加工，必须要对程序进行复位。在PROG模式下，按此键，程序光标将返回程序TOP先头显示。否则，按启动按钮进行加工时，机床会发生报警。

(6)输入键

：用于输入参数、补偿量等数据。从RS232接口输入文件的启动。MDI方式下程序段指令的输入。

(7)输出键

：从RS232接口输出文件启动。

(8)模式选择开关

EDIT：用于直接通过操作面板输入数控程序和编辑程序。

AUTO：置于自动加工模式下，按“循环启动”自动运行程序加工零件。

MDI：手动编写程序，然后自动执行。

REF：机床复位回到机床的机械原点。

JOG：手动方式，手动连续移动台面或者刀具。

(9)机床主轴手动控制开关

：手动开机床主轴正转。

：手动关机床主轴。

：手动开机床主轴反转。

(10)辅助功能按钮

：在手动方式下，按一下“冷却”冷却液开，默认值为冷却液关，再按一下又为冷却液开，如此循环。

：按下此按钮自动为导轨进行润滑。

：在手动方式下按一下刀位转换按键，转塔刀架转动一个刀位(即手动换刀)。

(11)手动移动机床台面按钮

：选择要移动的轴；快速移动。

(12)程序运行控制开关

：程序运行开始；模式选择旋钮在“AUTO”、“单段”和“MDI”位置时按下有效，其余时间按下无效。

(13)系统控制开关

：NC伺服电源开。

：NC伺服电源关。

(14)紧急停止按钮

：机床运行过程中，在危险或紧急情况下按下急停按钮，CNC 即进入急停状态。

伺服进给及主轴运转立即停止工作(控制柜内的进给驱动电源被切断)。松开急停按钮，左旋此按钮，自动跳起，CNC 进入复位状态。每次解除急停后都必需回参考点。

(15)倍率修调

：主轴正转及反转的速度可通过主轴修调调节，按压主轴修调右侧的 100% 按键，指示灯亮。主轴修调倍率被置为 100%，按一下“+”按键，主轴修调倍率递增 5%，按一下“-”按键，主轴修调倍率递减 5%(机械齿轮换档时，主轴速度不能修调)/快速倍率修调/进给倍率修调。

2. 程序编辑

(1)开机：点击 NC 伺服电源按钮，系统引导后进入，出现“回参考点”窗口。

(2)回参考点：“回参考点”只有在方式下才可以运行，用机床控制面板方向键启动回参考点。按坐标轴方向键，如果选错了方向，则不会产生运动，给每个坐标轴逐一回参考点。通过选择另一种运行方式(如 MDA、AUTO、JOG)可以结束该功能。

(3)新建程序：广数的程序组成格式必需是一个字母“O”跟四位数字组成，按进入编辑模式，点击程序按钮，输入程序名如 O5858，点击按钮，即可进行程序的编辑。

(4)呼出/删除程序：按进入编辑模式，点击程序按钮页面，输入要打开的程序名，如 O5858，点击向下光标键或者输入键，调出的程序自动跳转到加工程序页面。删除程序，如输入程序号 O5858，按 DEL 键，则对应键入程序号的存储器中程序被删除。

(5)查看程序目录：在非编辑模式下点击程序按钮后，配合翻页键、切换“程序目录”页面。程序目录如图 2.1-52 所示。

(6)录入方式

在非编辑模式下点击程序按钮后，配合翻页键、切换页面“MDI”，手动方式显示页面如图 2.1-53 所示。

按按钮，手动编写程序，程序输入结束后，点击循环启动按钮自动执行。

(7)编辑程序

打开要编辑的程序，配合光标与编辑按钮编辑程序。如果持续按光标或者，则会连续自动快速移动光标。按下翻页键，画面翻页，光标移至下页开头的字。按上翻页键，画面翻到前一页，光标移至开头的字。持续按下翻页或上翻页，则自动快速连续翻页。

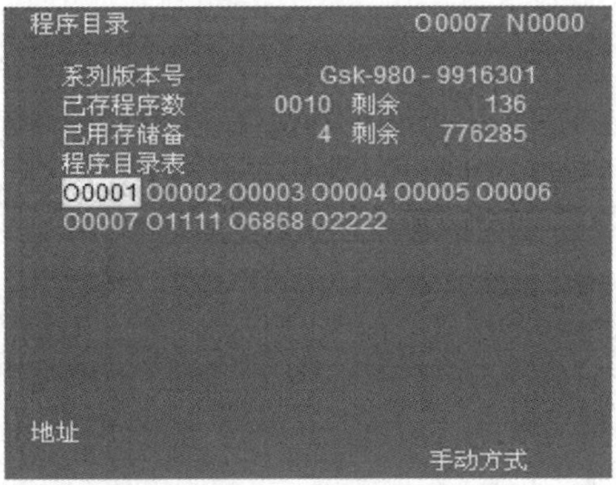

图 2.1－52　程序目录显示

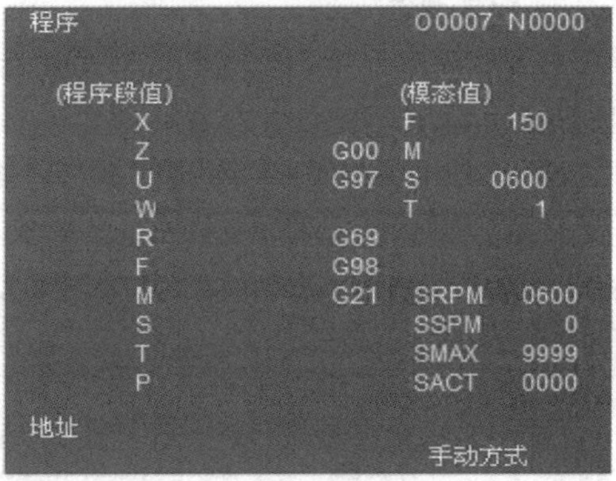

图 2.1－53　手动方式显示页面

(8)检索字

从光标当前位置开始，向左或向右检索指定的字，如图 2.1－54 所示。

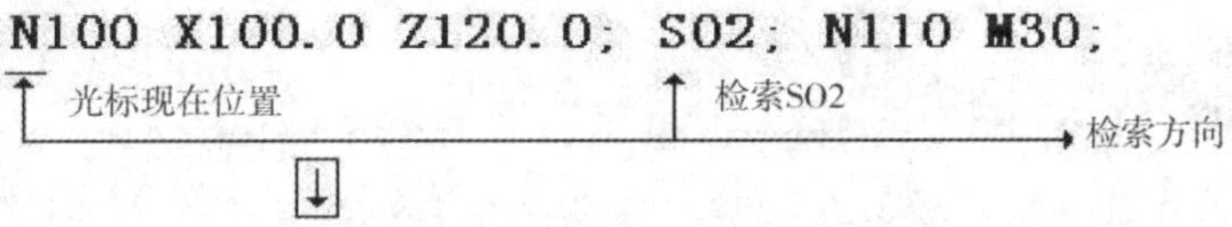

图 2.1－54　检索字显示

①用键输入地址 S。

②用键输入'0'，'2'。

注意： 不能输入 S2，否则就不能检索 S02。

③ 按光标↓键，开始检索。

如果检索完成了，光标显示在 S02 的下面。如果不是按光标↓键，而是按光标↑键，则向反方向检索。如果还没有检索到你要查找的内容，可以继续键入查找内容，继续检索。

④字的插入。检索或扫描到要插入的前一个字；用键输入要插入的内容，按［插入 INS］键。

⑤字的变更。检索或扫描到要变更的字，输入要变更的地址。如把中 T303 变更为 M03，用键输入数据 M03，按［修改 ALT］，则新键入的字会代替当前光标所指的字，如图 2.1－55 所示。

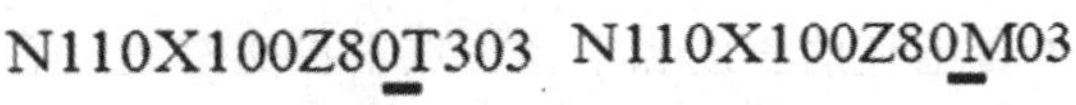

图 2.1－55　字的变更

⑥字的删除。检索或扫描到要删除的字，如键入 Z80，按［删除 DEL］键，如图 2.1－56 所示。

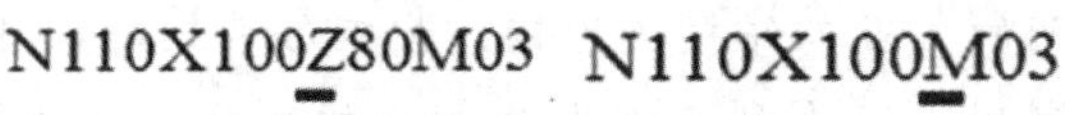

图 2.1－56　字的删除

3. 加工程序

打开程序后，点击按钮，然后再点击“循环启动”按钮，刀具会根据程序中的指令进行加工。

输入 onesoft 的程序，并进行加工，加工后的效果，如图 2.1－57 所示。

注意： 调整的进给倍率越大，进给速度越快。进给倍率越小，进给速度越慢。

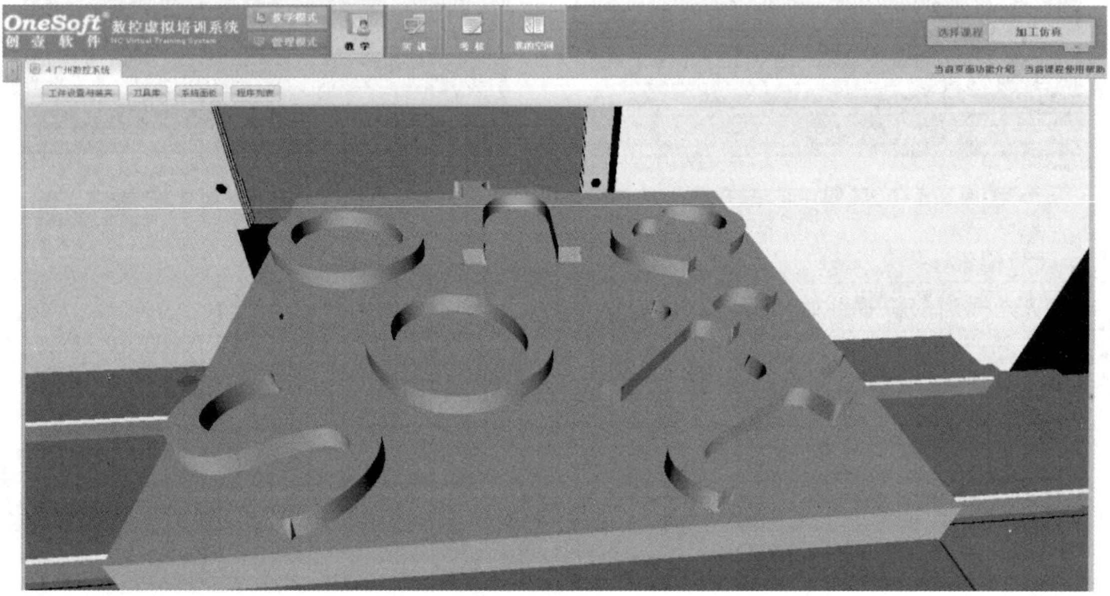

图 2.1－57　加工效果图

2.2　CK7136 数控斜床

2.2.1　FANUC 系统

1. 开/关车床门

车床的门默认是关着的，首次点击车床的门，就会打开车床的门。再次点击车床的门，就会关闭车床门。

2. 毛坯设置

点选毛坯设置对应的“预览”，弹出毛坯设置对话框，可设置实心毛坯或中空毛坯。

①选择“实心”，并设置毛坯的长度和半径，点击提交按钮。毛坯会发生相应的变化。

②选择“中空”，并设置毛坯的长度、外径和内径，最后点击提交按钮。毛坯会发生相应的变化。

说明： 在下拉框中选择工件材料，毛坯的工件材料发生相应的变化。当工件为玻璃材料时，可看到工件是透明的。当工件材料为铜、紫铜仿紫铜时，可看到工件是黄铜色的。当工件材料为尼龙或塑料时，可看到工件发生相应的变化。而其他工件材料显示为默认材料。

3. 顶针设置

设置顶针的长度 L_1、延伸量 L_2 和长度 D 的值，点击提交按钮，即可在机床中看到设置后的顶针。

4. 夹持长度

输入夹持的长度值，点击提交按钮，可看到夹持毛坯的长度。

5. 测量

可对设置后的毛坯或加工后的毛坯进行测量。游标卡尺用于测量毛坯的长度，千分尺用于测量毛坯的直径。

将毛坯的长度设置为 200mm，毛坯的外径(半径)设置为 30mm，测量方法如下：

若想测量毛坯的总长，将箭头向右的小红旗移到毛坯的左边，箭头向左的小红旗移到右边，当鼠标停在游标卡尺上出现手的形状时，单击鼠标，游标卡尺的外测量右爪就准确定位到毛坯的最右边，读出此时的值即为毛坯的长度值，如图 2.2－1(a)所示；若想测量槽的宽度，将箭头向右的小红旗移到如图 2.2－1(b)所示的位置，箭头向左的小红旗移到如图 2—1(b)所示的位置，待鼠标停在游标卡尺上出现手的形状时，单击鼠标，游标卡尺出现如图 2.2－1(b)所示，读出此时的值 A；鼠标再次单击游标卡尺的外测量右爪，外测量右爪准确定位到如图 2.2－1(c)所示的位置，读出此时的值 B，$A-B$ 即为槽的宽度(小红旗的作用是准确测量介于两小红旗间的长度)。

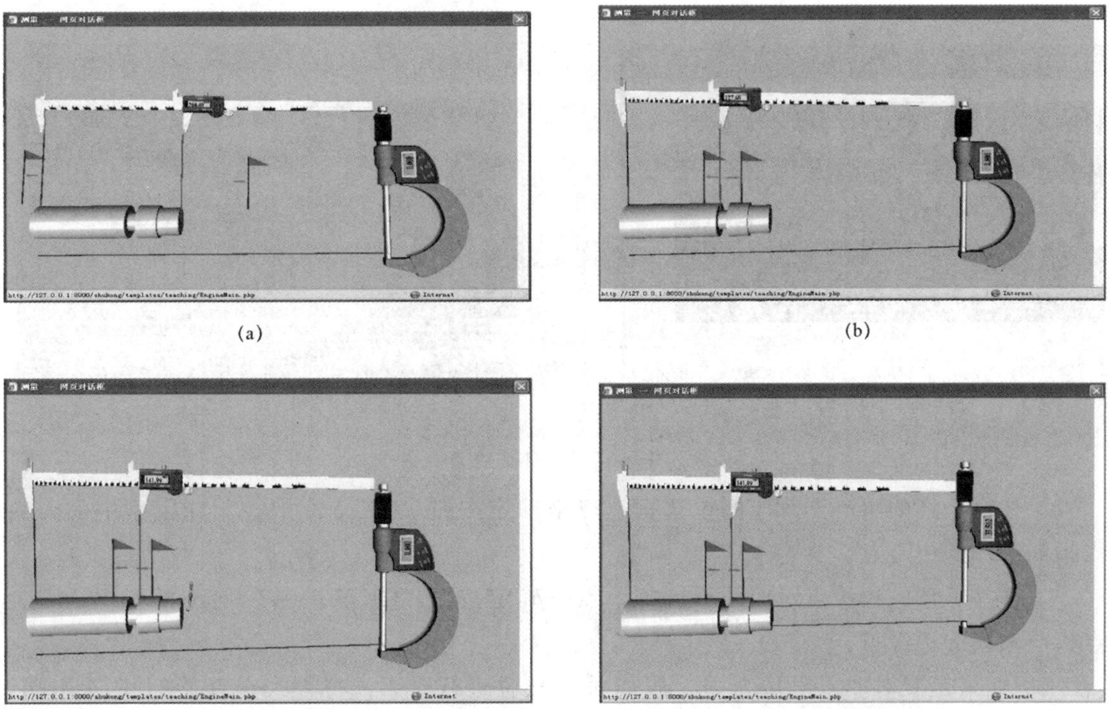

(a) (b) (c) (d)

图 2.2－1　测量画面

若想测量槽的径向宽度，当鼠标停在千分尺的测砧上，往上平移一小段距离，再单击测砧，准确定位到槽的下方；鼠标再次单击测微螺杆，准确定位的槽的上方，读出此时的值 C，即为槽的径向宽度，如图 2.2－1(d)所示。

6. 音效

默认状态的音效是开的，带上耳机，可听到加工的声音。点击音效按钮，音效按钮变为。此时，是没有声音的。

7. 工件调头

点击，可对工件进行调头。

8. 自动对刀

在“系统面板”标签页，将机床保护的旋转按钮指向 1，点击系统启动按钮，系统启动。此时，系统出现 ALM 报警信息，在默认的回零方式下，点击轴/位置对应的“＋Z”、“＋X”按钮，机床回参考点，系统取消报警。

刀位点是表示刀具特征的点，一般是刀位上的一点。尖形车刀的刀位点为假想刀尖点。

在加工程序执行前，调整每把刀的刀位点，使其置于对刀点上，以建立工件坐标系。

(1)如果要对 1 号刀位对刀，点击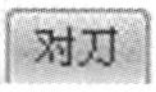按钮，弹出对刀的网页对话框，如图 2.2－2 所示。

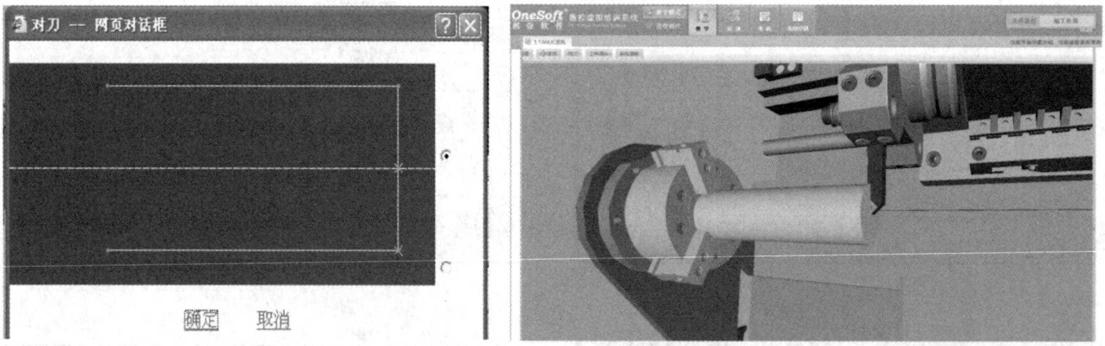

(a) (b)

图 2.2－2 自动对刀

①选择毛坯的中心点对应的单选框，点击确定按钮，CK7136 数控斜床模型中的刀尖点指向毛坯的中心点。

②选择毛坯的边缘点对应的单选框，点击确定按钮，CK7136 数控斜床模型中的刀尖点指向毛坯的边缘点。

(2)如果是要对非 1 号位对刀，假如对 2 号位进行对刀：将方式选择旋钮指向 MDI，点击 PROG 按钮，输入 M06T0202(M06T02 或 M6T2)，点击 EOB 和 INSERT 按钮，再点击循环启动按钮，实现换刀。接着可进行对刀操作，操作方法同上。

(3)对刀后，点击系统面板上的OFS/SET，点击“偏置”对应的软键，再点击“形状”对应的软键，显示1号刀位对刀后的位置，如图2.2-3所示。此时，系统的编程坐标系以X轴-164.058105、Z轴-99.075302为原点。

偏置 / 形状			
	NO.	X轴	Z轴
G	001	-164.058105	-99.075302

图2.2-3　1号刀位对刀图

9. 手动对刀

(1)在主轴反转、毛坯已设置完全(包括长度和半径)的情况下，将机床选择按钮旋转到手动，在对第一把刀时，因为毛坯往往是不均匀的，都需车出一刀微量的值。

(2)先对Z轴进行对刀，按“＋X”、“＋Z”、“－X”、“－Z”按钮，将机床手动调整到，如图2.2-4所示位置。

按住“－X”键，车端面，待车好时，按住“＋X”键，退到安全的位置，不可按“－Z”、“＋Z”键，否则就移动了Z轴的值。点击POS，记下屏幕上的Z轴实际坐标，记为a，点击OFS/SET键，按“偏置”对应的软键，接着按“形状”对应的软键，在编辑状态输入a，屏幕显示如图2.2-5所示。

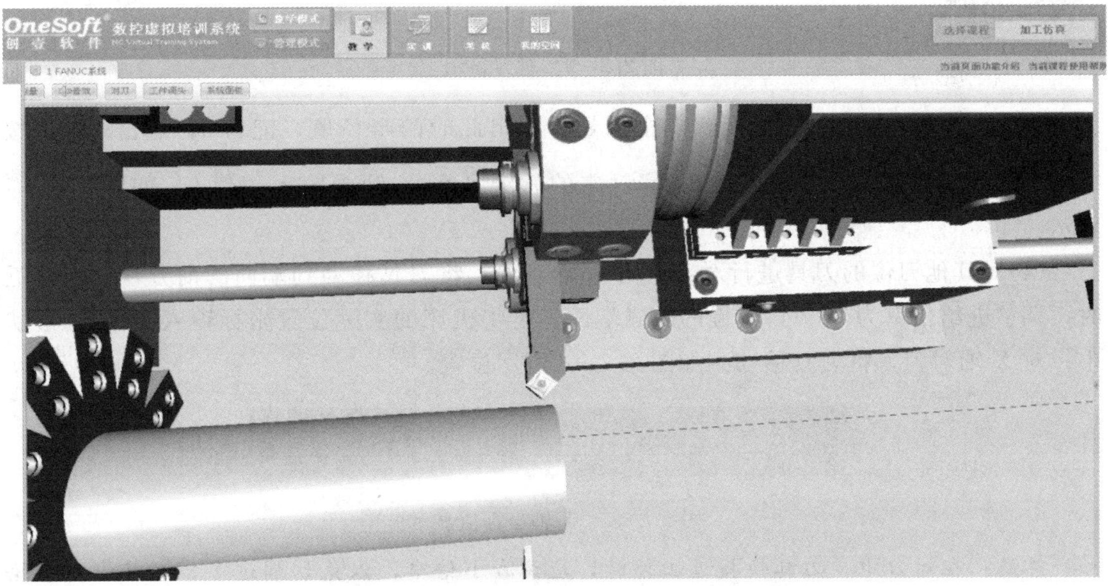

图2.2-4　手动对刀

偏置 / 形状				00102　N07196
	NO.	X轴	Z轴	半径TIP
G	001	0.000	-292.508	0.000 0

图2.2-5　Z轴坐标值显示

(3)再对 X 轴进行对刀，按“＋X”、“＋Z”、“－X”、“－Z”按钮，将机床手动调整到如图 2.2－6 所示位置。

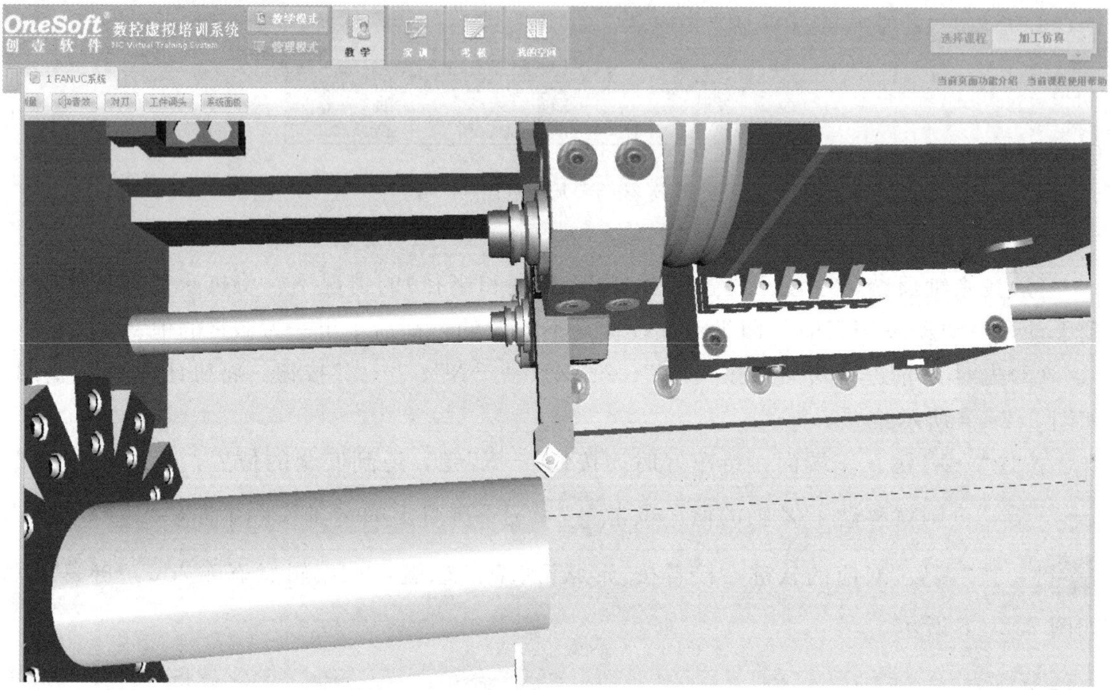

图 2.2－6　对刀显示

按“－Z”键，车出一段长度，点击测量，测出此时的半径值，记为 b，点击，按“偏置”所对应的软键，接着按“形状”对应的软键，在 X 轴中输入的值 b，如图 2.2－7 所示。

(4)对其他刀位的刀具进行对刀。对 Z 轴对刀，将刀具移动到端面的前方，到快接近时，调整进给倍率为 20％，慢慢的触碰端面，再将机床的实际位置坐标输入到偏置/形状中；对 X 轴对刀，将刀具移动到如图 2.2－8 所示位置。

偏置 / 形状				O0102　N07196
	NO.	X轴	Z轴	半径TIP
G	001	-129.886	-292.508	0.000 0

图 2.2－7　X 轴坐标值显示

注意：在对刀中，刀具快接近工件时，应该减小倍率，以免切削过多，也可以用手轮进行操作。

10. 新建程序

(1)点击“系统面板”标签页，将机床保护旋钮指向 1，随后点击“系统启动”按钮，启动系统面板。

(2)启动系统面板后，会出现报警ALM，需要回参考点解除报警。回参考点：在默认

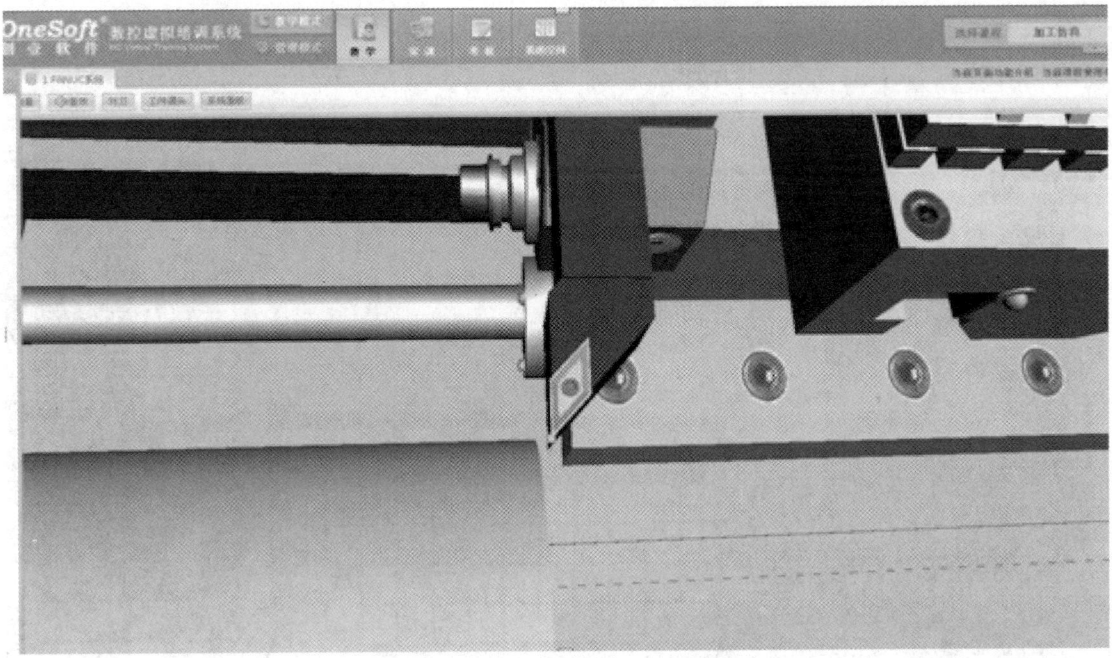

图 2.2-8 对刀显示

的回零方式下，点击 +X 和 +Z ，机床返回机械原点，解除报警。

(3)将方式选择旋钮旋转到编辑方式，点击系统面板上的 PROG 键，点击“列表”对应的按钮。

(4)在系统面板的键盘上，输入程序名：O0002(程序名以 O 开头，后边是 4 位数字；如果输入 O2，上传程序名后，会自动变为 O0002；输入的格式错误时，会以红色字体提示错误格式)，并点击 INSERT 键，进入程序编辑页面，输入：N100 G0 G17 G40 G49 G80。编辑程序时，可结合 EOB 键和上下左右光标键。在指令未上传前，使用 CAN 键删除输入的指令。指令上传后，使用 DELETE 键删除指令。

在列表中，选择某个程序，点击 INPUT 键，可进入程序编辑页面。

(5)点击“程序列表”标签页，在程序列表页面中，点击“浏览”按钮，选择所需的程序文件后，点击上传，即可上传程序，程序显示如图 2.2-9 所示。

11. 加工螺纹特形轴

打开程序后，将方式选择旋钮旋转到自动，点击循环启动按钮，刀具会根据程序中的指令进行加工。图 2.2-10 为加工螺纹特形轴。

进给倍率：调整的进给倍率越大，加工速度越快。进给倍率越小，加工速度越慢。

循环停止：在加工程序执行期间，点击循环停止按钮，暂时停止加工。

12. 准备功能字 G

准备功能字的地址符是 G，又称为 G 功能或 G 指令，是用于建立机床或控制系统工作方式的一种指令。后续数字一般为 1～3 位正整数，如表 2.2-1 所示。

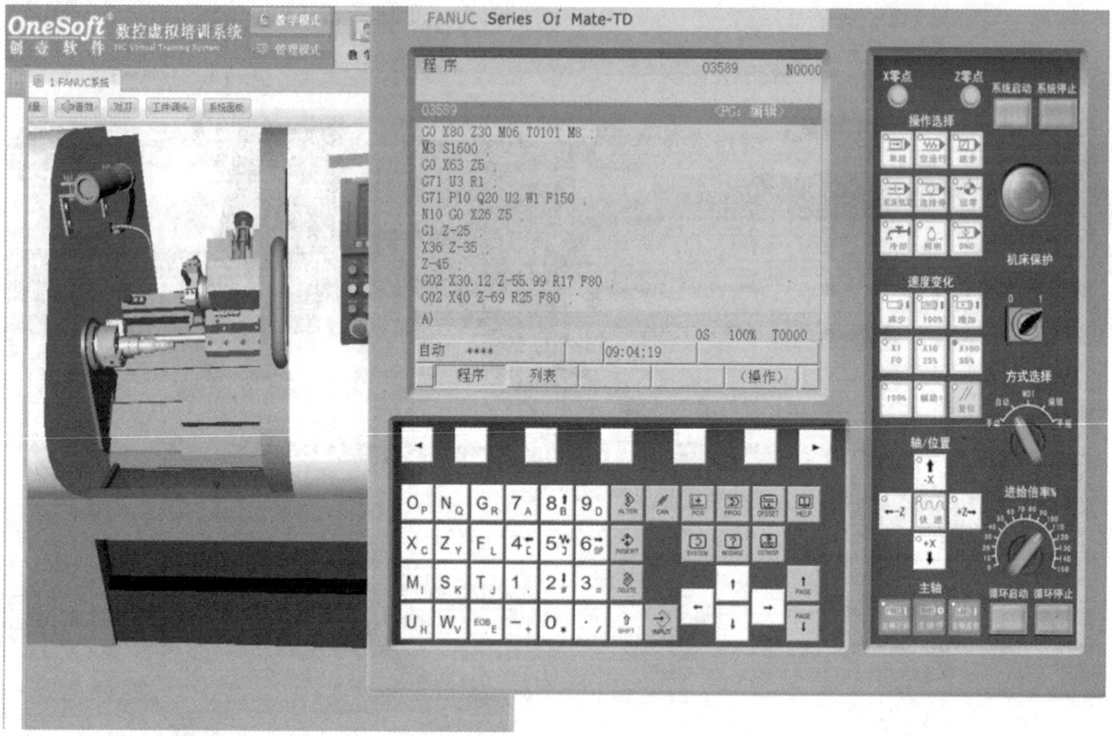

图 2.2-9　程序显示界面

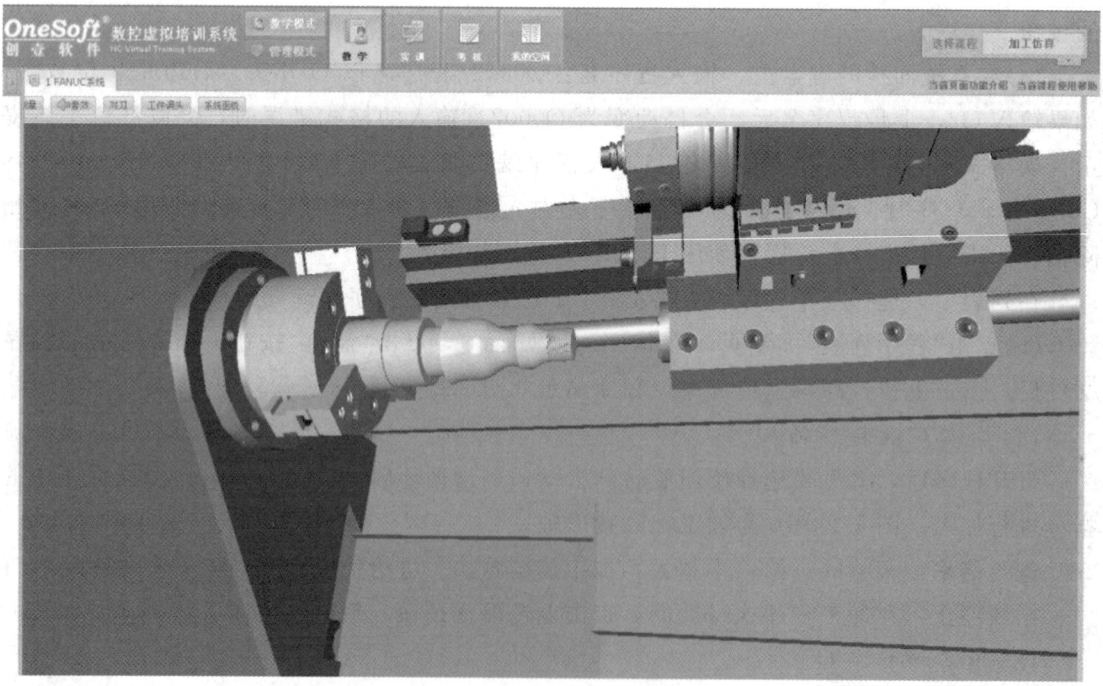

图 2.2-10　加工螺纹特形轴

表 2.2-1 G 指令

G 功能字	FANUC 系统
G00	快速移动点定位
G01	直线插补
G02	顺时针圆弧插补(CW，顺时钟)
G03	逆时针圆弧插补(CCW，逆时钟)
G04	暂停
G09	停于精确的位置
G32	螺纹切削
G70	粗加工循环
G71	外圆粗切循环
G72	端面粗切循环
G73	封闭切削循环
G74	Z 向步进钻削
G75	X 向切槽
G76	复合螺纹切削循环
G90	(内外直径)切削循环
G92	螺纹切削循环

定义移动的代码通常是“模态代码”，像直线、圆弧和循环代码。大部分 G 指令是模态的(续效的)，所谓模态 G 指令，就是指这些 G 代码一经指定，便一直有效，直到在程序中出现同组的 G 指令或被取消才失效。同组的 G 代码不能在同一程序段中出现，不同组的 G 代码可以在同一程序段中出现。如 G00、G01、G02 等就是同一组的模态指令，G00、G01 不能同时出现在同一程序段中。显然，除了模态 G 指令外，还有些 G 指令是非模态指令，即该指令只在本程序段中才有效，如 G04 暂停指令。

2.2.2 西门子系统

1. 自动对刀

点击系统面板，打开系统面板，按，系统需进行回零操作，在默认的回零方式下，点击+Z、+X，机床返回机械原点。刀位点是表示刀具特征的点，一般是刀位上的一点。尖形车刀的刀位点为假想刀尖点。

如果要对 1 号刀位对刀，点击对刀按钮，弹出对刀的网页对话框与显示效果，如图 2.2-11 和图 2.2-12 所示。

①选择毛坯的中心点对应的单选框，点击确定按钮，CK7136 数控斜床模型中的刀尖点指向毛坯的中心点。

②选择毛坯的边缘点对应的单选框，点击确定按钮，CK7136 数控斜床模型中的刀尖点指向毛坯的边缘点。

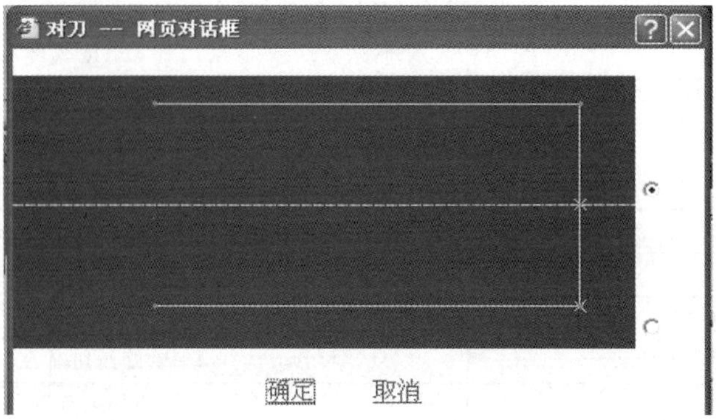

图 2.2－11　对刀网页对话框

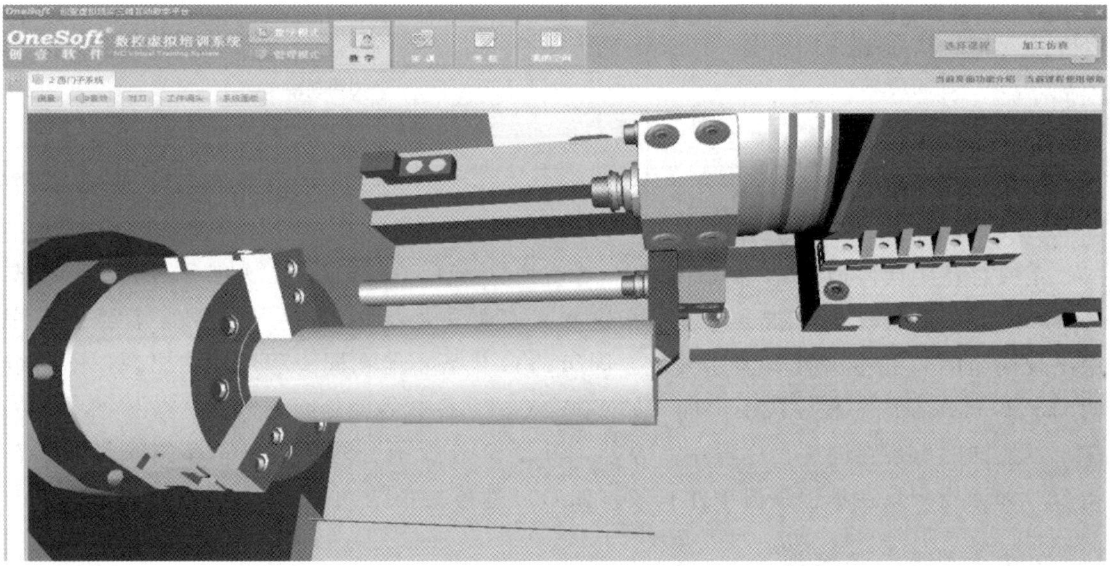

图 2.2－12　对刀显示效果

如果是要对非 1 号位对刀，假如对 2 号位进行对刀：点击 MDA 按钮，当屏幕上有显示语言放大区、工件坐标、实际值放大时，输入 M06T02D02(M06T02/M6T2)，点击 INSERT 按钮，再点击循环启动按钮，最后点击 对刀 实现换刀。接着可进行对刀操作，操作方法同上。

2. 手动对刀

(1)首先对 *Z* 轴对刀，在机床正转的情况下，车端面，待车好后，将刀具移到安全的位置(按“＋X”键)，点击菜单键，参数，刀具补偿，最后点对刀，点击计算，确定，*Z* 轴对刀完毕。

(2)其次对 *X* 轴对刀，在机床正转的情况下，车外圆，待车好后，将刀具移到安全的位置(按“＋Z”键)，点击测量，测出此时的工件的直径，点击菜单键，参数，刀具补偿，对刀，再按“轴＋”，输入直径值，计算，确定，*X* 轴对刀完毕。

3. 新建程序

点击菜单键，按程序软键，按 >，点击新程序所对应的软键，输入新程序名(任意字母、数字皆可)，点击确定，在零件程序编辑页面输入任意值，点 > 后按“完成”所对应的软键。点击“程序列表”标签页，在程序列表页面中，点击“浏览”按钮，选择所需的程序文件后，点击“上传”，即可上传程序。

4. 加工锥轴

点击“系统面板”标签页，使用、标签页，找到所需的程序名，点击“打开”软键，将 MDA 方式切换到 AUTO 方式，再点击“循环启动”按钮，如图 2.2-13 和图 2.2-14 所示。

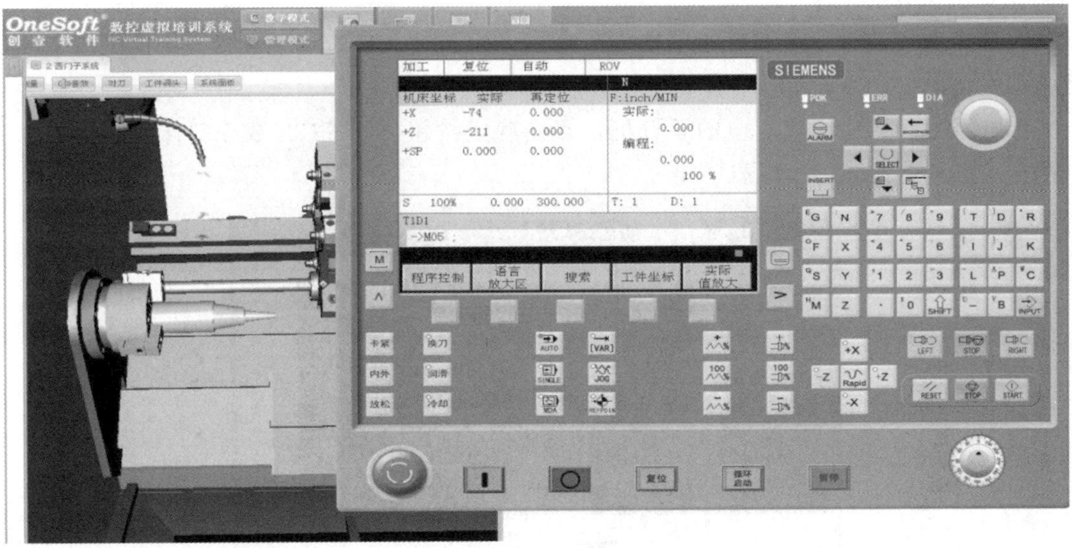

图 2.2-13　系统面板

图 2.2-14　加工锥轴

2.2.3 华中数控系统

1. 自动对刀

点击系统面板，打开系统面板，点击机床保护的旋钮，旋钮指向 1，再点击ON按钮，启动系统。在默认的回零方式下，点击轴/位置对应的“+Z”、“+X”、“+C”按钮，机床回参考点。刀位点是表示刀具特征的点，一般是刀位上的一点。尖形车刀的刀位点为假想刀尖点。在加工程序执行前，调整每把刀的刀位点，使其置于对刀点上，以建立工件坐标系。

(1)如果要对 1 号刀位对刀，点击对刀按钮，弹出对刀的网页对话框，如图 2.2-15 和图 2.2-16 所示。

①选择毛坯的中心点对应的单选框，点击确定按钮，CK7136 数控斜床模型中的刀尖点指向毛坯的中心点。

②选择毛坯的边缘点对应的单选框，点击确定按钮，CK7136 数控斜床模型中的刀尖点指向毛坯的边缘点。

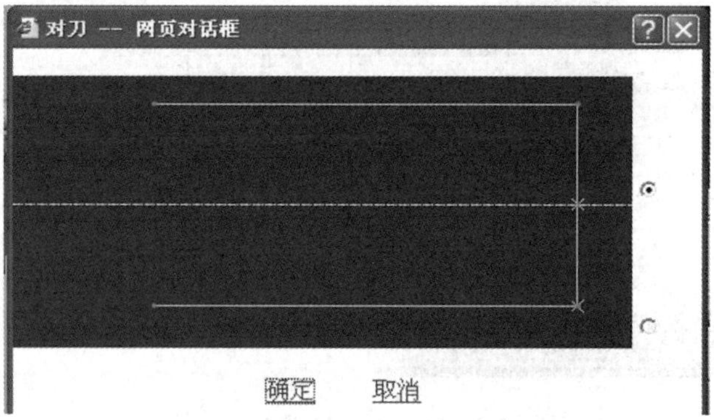

图 2.2-15 对刀对话框

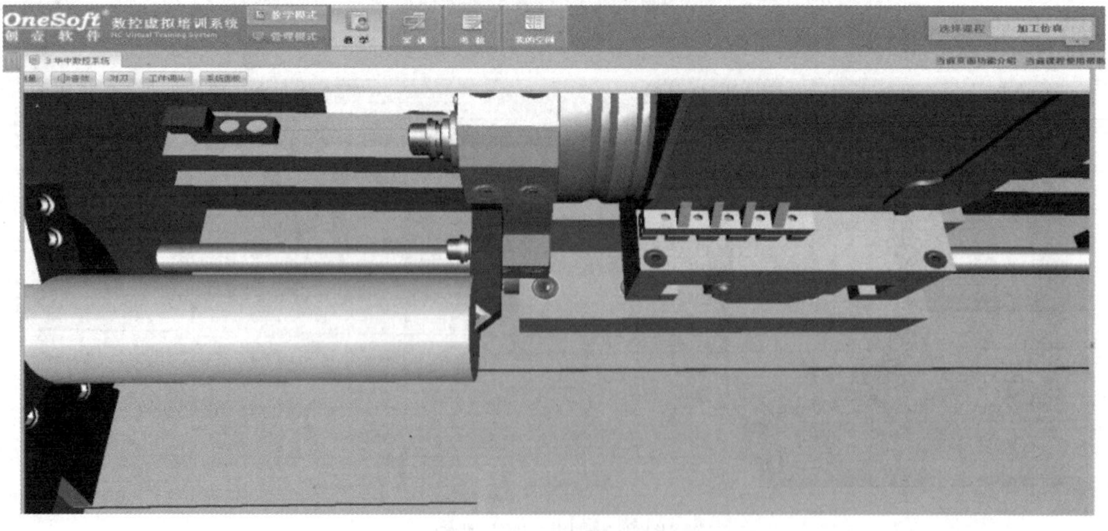

图 2.2-16 对刀显示

(2)如果是要对非1号位对刀，假如对2号位进行对刀：在系统面板上，先按F1出现磁盘文件，二点F1出现程序表列，三点F1、再点F2出现新建文件名，输入新的程序名后(字母O加四个数字)，点击ENTER，输入M06T0202(或者M06T02)将界面切换到自动状态，按住循环启动，刀座旋转到2号刀位，最后按 对刀 ，点击确定按钮(或者在对好1号刀的时候，系统回零，接着切换到手动状态，按“刀位转换”按键，即可手动换刀。点击一次，变为2号刀<按顺序递增>)。

(3)对刀后，点击系统面板上的MDI所对应的软键F4，再点击系统面板上刀偏表所对应的软键F2，1号刀位对刀后如图2.2-17所示，此时，系统的编程坐标系以 X 轴－164.058、Z 轴－99.075302为原点。

2. 手动对刀

(1)在主轴反转、毛坯设置完全(包括长度和半径)的情况下，点击手动，在对第一

刀偏号	X偏置	Z偏置	X磨损	Z磨损	试切直径	试切长度
#0000	-164.058	-99.0753	0.000	0.000	0.000	0.000

图2.2-17　1号刀位对刀

把刀时，因为毛坯往往是不均匀的，都需车出一刀微量的值。

(2)先对 Z 轴进行对刀，按“＋X”、“＋Z”、“－X”、“－Z”按钮，将机床手动调整到如图2.2-18所示。

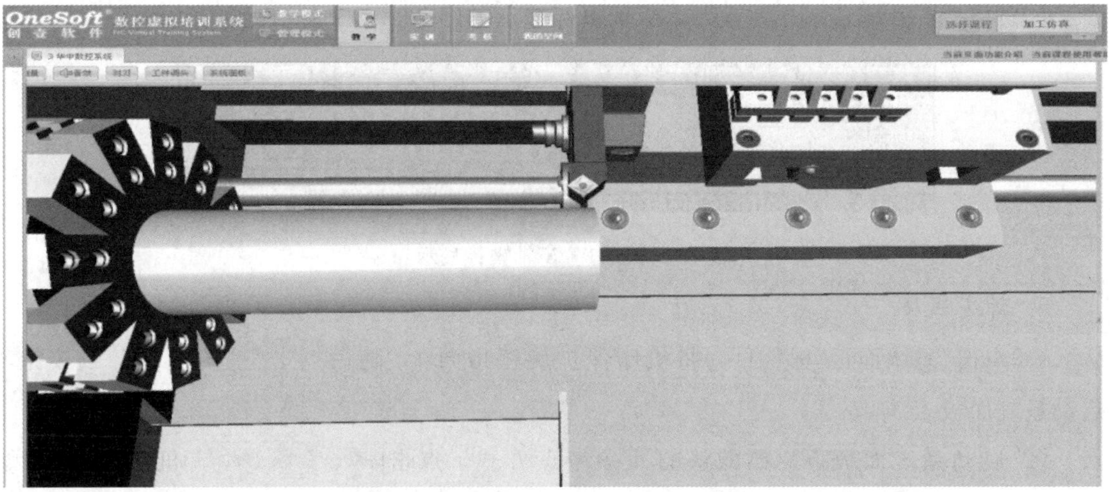

图2.2-18　Z 轴对刀显示

按“－X”键，车端面。待车好后，按“＋X”键，将刀具退到安全的位置，在操作面板 Z 轴坐标的显示如图2.2-19所示。

记下此时的 Z 轴机床坐标，记为 a，点击F4，点F2，在刀偏表的Z偏置中输入 a 的

值(在输入值时，应先按 ENTER，接着输入符号和数字，最后点击 ENTER)，Z 轴显示如图 2.2－20 所示。

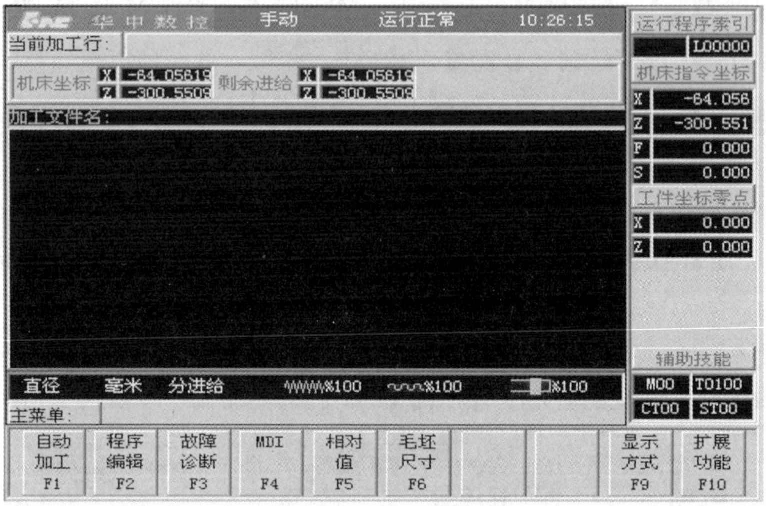

图 2.2－19　Z 轴坐标的显示

图 2.2－20　Z 轴坐标显示

(3)再对 X 轴对刀，方法类似，X 轴坐标显示如图 2.2－21 所示。

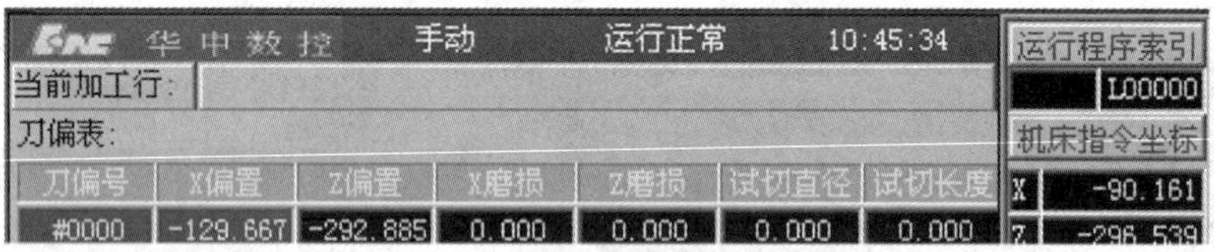

图 2.2－21　X 轴坐标显示

3. 新建程序

(1)点击“系统面板”标签页，将机床保护旋钮指向 1，随后点击“系统启动”ON 按钮，启动系统面板。

(2)启动系统面板下，在默认的回参考点方式，点击 +X、+C、+Z，机床返回机械原点。

(3)在屏幕上点击 程序编辑 F2 所对应的软键 F2，点击 文件管理 F1 所对应的 F1，操作面板显示如图 2.2－22所示。

点击 F2，输入新文件名，按 ENTER 键，任意输入一个字符，按“保存文件”所对应

图 2.2－22　新建程序显示

的 F5，在“程序列表”标签页，点击浏览按钮，选择所需的程序文件后，点击上传，即可进行上传文件。

(4)在“系统面板”标签页，找到所需的程序名后，按 ENTER 键，如图 2.2－23 所示。

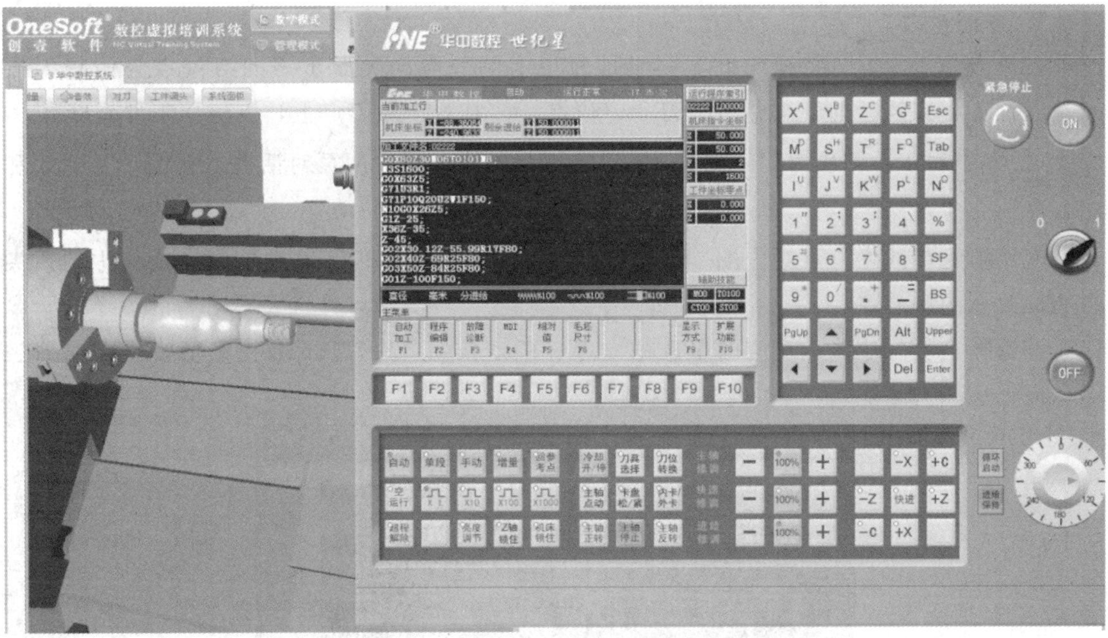

图 2.2－23　程序显示

4. 加工特形螺纹轴

打开程序后，点击自动，最后按循环启动，刀具会根据程序中的指令进行加工。图 2.2－24

所示为螺纹特形轴加工。

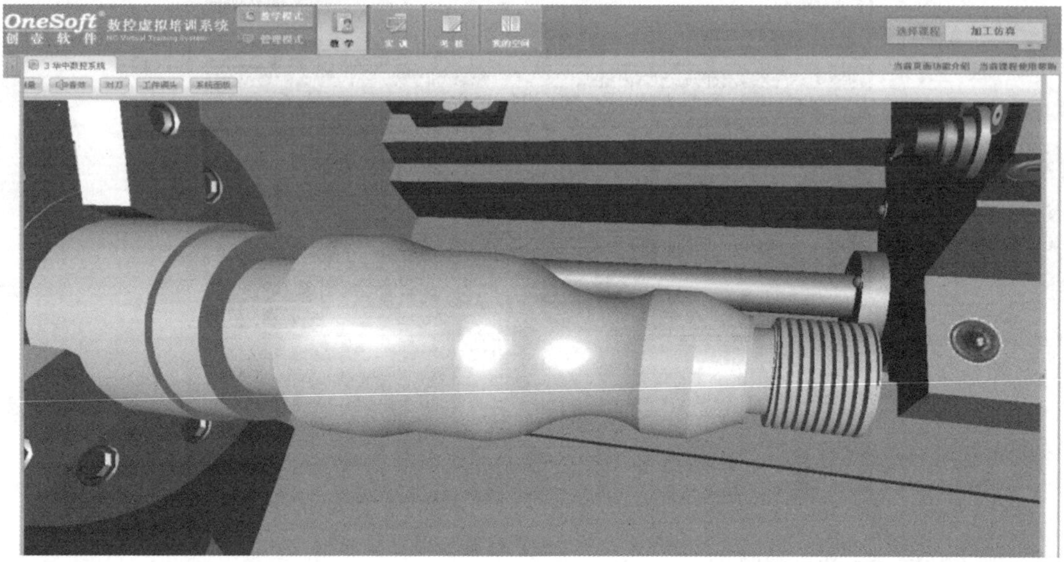

图 2.2-24　特形螺纹轴加工

2.2.4　广州数控系统

1. 自动对刀

刀位点是表示刀具特征的点，一般是刀位上的一点。尖形车刀的刀位点为假想刀尖点。在加工程序执行前，调整每把刀的刀位点，使其置于对刀点上，以建立工件坐标系。

(1)如果对 1 号刀位对刀，点击 对刀 按钮，弹出对刀的网页对话框，如图 2.2-25 和图 2.2-26 所示。

①选择毛坯的中心点对应的单选框，点击确定按钮，CJK7136 数控斜床模型中的刀尖点指向毛坯的中心点。

②选择毛坯的边缘点对应的单选框，点击确定按钮，CK7136 数控车床模型中的刀尖点指向毛坯的边缘点。

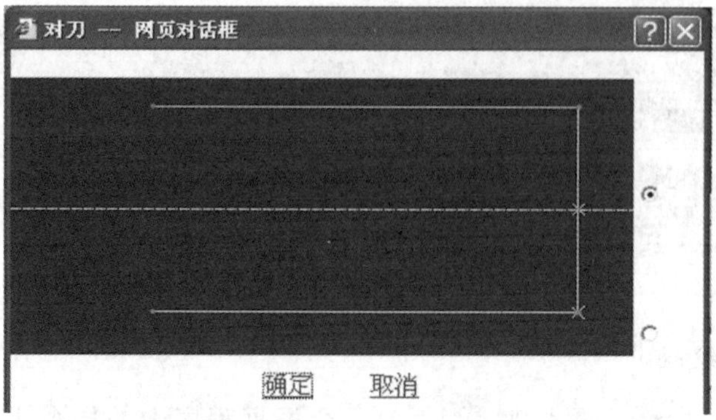

图 2.2-25　对刀网页对话框

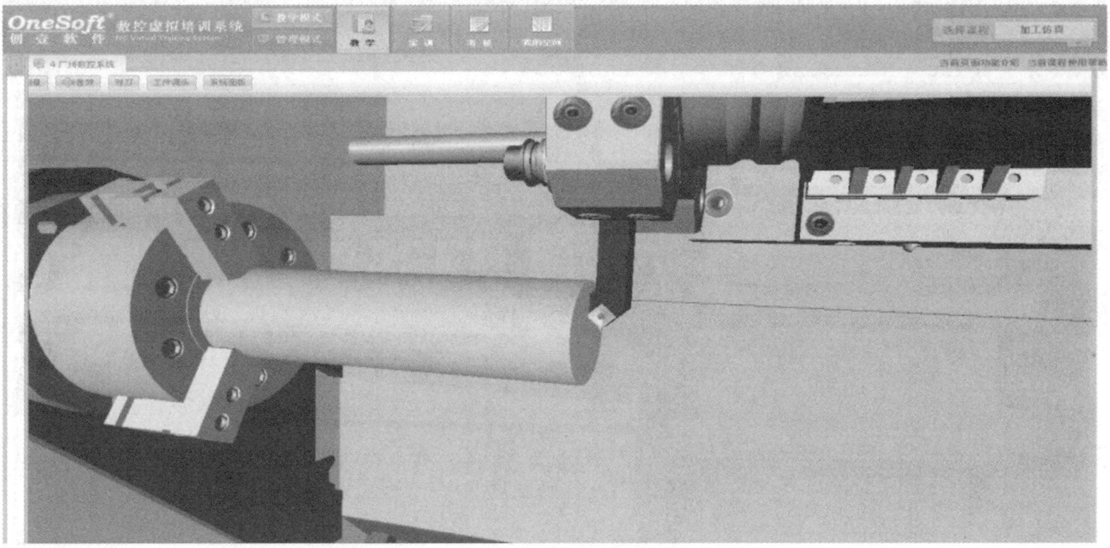

图 2.2－26　对刀显示

(2)如果对非 1 号位对刀，如对 5 号位进行对刀，点击“系统面板”标签页，按录入进入录入模式，点击程序PRG按钮切换，输入 M06T5，按“输入”键，点击“循环启动”按钮，点击对刀，按确定即可，对刀完成，如图 2.2－27 所示。

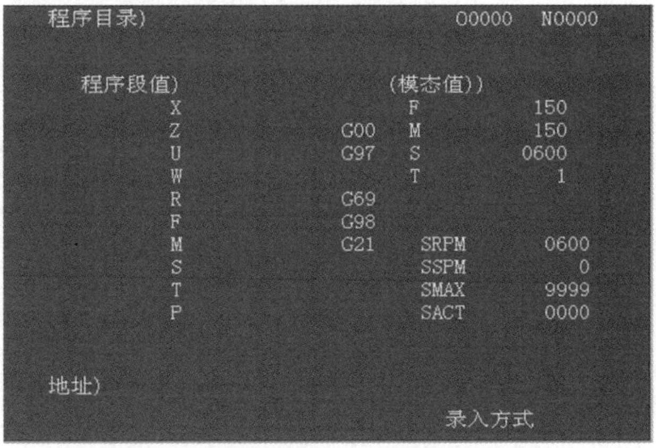

图 2.2－27　5 号位对刀显示

2. 手动对刀

(1)在主轴反转、毛坯已设置完全(包括长度和半径)的情况下，点击手动，在对第一把刀时，因为毛坯往往是不均匀的，都需车出一刀微量的值。

(2)先对 *Z* 轴进行对刀，按“＋X”、“＋Z”、“－X”、“－Z”按钮，将机床手动调整到如图 2.2－28 所示位置。

按“－X”键，车端面，待车好后，按“＋X”键，将机床退到安全的位置，屏幕显示如图 2.2－29 所示。

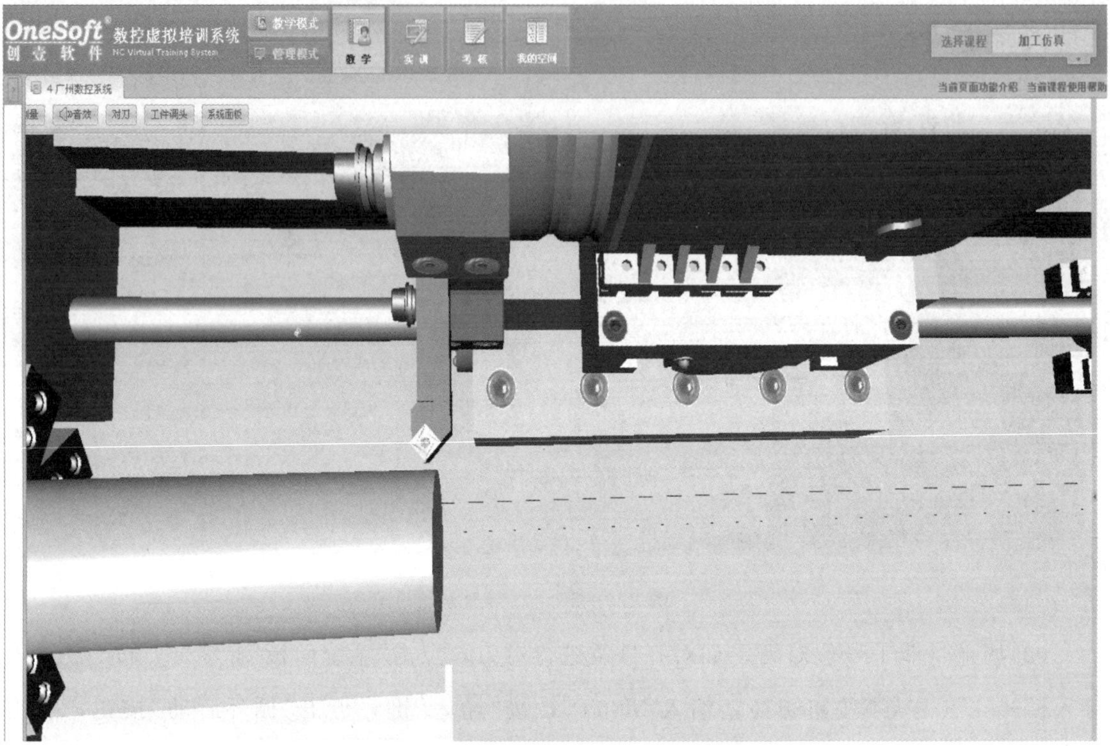

图 2.2-28 对刀显示

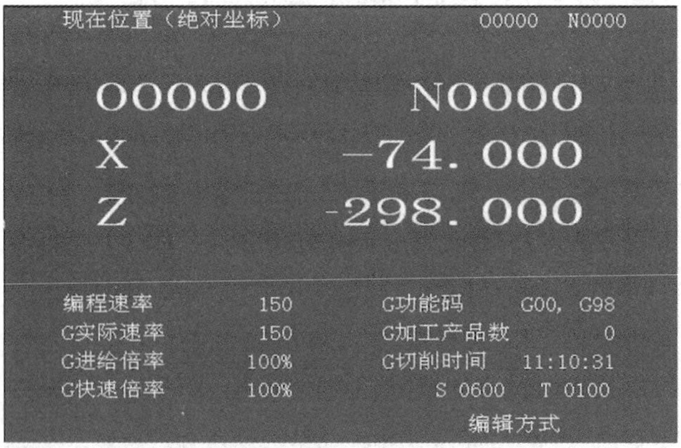

图 2.2-29 坐标显示

记下此时 Z 轴的坐标，记为 a，点击测量，测出此时的长度，记为 b，将原有的毛坯长度减去 b 所得的值，记为 c，将 $a+c$ 的值，记为 d。在编辑状态，点击刀补 OFT，用翻页键至偏置图，输入“Z”、“符号”、“数字”，按输入键，屏幕显示如图 2.2-30 所示。

图 2.2-30 Z 轴坐标显示

(3)对 X 轴进行对刀，与上述方法类似，屏幕显示如图 2.2－31 所示。

图 2.2－31 X 轴坐标显示

3. GSK 面板按键操作说明

(1)编辑键

转换 CHG 位参数、位诊断含义显示方式的切换。

取消 CAN：消除输入到键输入缓冲寄存器中的字符或符号。键缓寄存器的内容由 CRT 显示。

例：键输入缓冲寄存器的显示为：N001 时，按(CAN)键，则 N001 被取消。

删除 DEL：用于程序的删除的编辑操纵。

修改 ALT：用于程序的修改的编辑操纵。

插入 INS：用于程序的插入的编辑操纵。

(2)页面切换键

位置 POS：按下其键，CRT 显示现在位置，共有四页，[相对]、[绝对]、[总和]、[位置/程序]，通过翻页键转换。

程序 PRG：程序的显示、编辑等，共有三页，[MDI/模]、[程序]、[目录/存储量]。

刀补 OFT：显示，设定补偿量和宏变量，共有两项，[偏置]、[宏变量]。

报警 ALM：显示报警信息。

设置 SET：显示设置各种设置参数，参数开关及程序开关。

参数 PAR：显示设定参数。

诊断 DGN：显示各种诊断数据。

(3)翻页按钮

⇤ ⇥：使 LCD 画面的页逆、顺方向更换。

(4)光标移动

↑ → ↓ ←：使光标向上、下、左、右移动一个区分单位。

(5)复位键

复位：此键为在修改了一段程序之后，要进行加工，必须要对程序进行复位。在 PROG 模式下，按此键，程序光标将返回程序 TOP 先头显示。否则，按启动按钮进行加工时，机床会发生报警。

(6)输入键

：用于输入参数、补偿量等数据。从 RS232 接口输入文件的启动。MDI 方式下程序段指令的输入。

(7)输出键

：从 RS232 接口输出文件启动。

(8)模式选择开关

EDIT：用于直接通过操作面板输入数控程序和编辑程序。

AUTO：置于自动加工模式下，按“循环启动”自动运行程序加工零件。

MDI：在此方式下手动编写程序，然后自动执行

REF：机床复位回到机床的机械原点。

HNDL：手摇脉冲方式可以使用手轮移动工作台或者刀具。

JOG：手动方式，手动连续移动台面或者刀具。

(9)机床主轴手动控制开关。

：手动开机床主轴正转。

：手动关机床主轴。

：手动开机床主轴反转。

(10)辅助功能按钮

：在手动方式下，按一下“冷却开/停”冷却液开，默认值为冷却液关，再按一下又为冷却液开，如此循环。

：按下此按钮自动为导轨进行润滑。

：在手动方式下按一下刀位转换按键，转塔刀架转动一个刀位(也就是手动换刀)。

(11)手动移动机床台面按钮

：选择要移动的轴；：快速移动。

(12)程序运行控制开关

：程序运行开始；模式选择旋钮在“AUTO”、“单段”和“MDI”位置时按下有效，其余时间按下无效。

：程序运行停止，在数控程序运行中，按下此按钮停止程序运行。

(13)系统控制开关

：NC 伺服电源开；：NC 伺服电源关。

(14)紧急停止按钮

：机床运行过程中，在危险或紧急情况下按下急停按钮，CNC 即进入急停状态。

伺服进给及主轴运转立即停止工作(控制柜内的进给驱动电源被切断)。松开急停按钮，左旋此按钮，自动跳起，CNC 进入复位状态。每次解除急停后都必需回参考点。

(15)倍率修调

：主轴正转及反转的速度可通过主轴修调调节，按压主轴修调右侧的 100％ 按键，指示灯亮。主轴修调倍率被置为 100％ ，按一下“＋”按键，主轴修调倍率递增 5％，按一下“－”按键，主轴修调倍率递减 5％(机械齿轮换档时，主轴速度不能修调)/快速倍率修调/进给倍率修调。

4. 程序编辑

(1)开机

点击 NC 伺服电源按钮，系统引导以后进入，出现“回参考点”窗口。

(2)回参考点

“回参考点”只有在方式下才可以运行，用机床控制面板方向键启动回参考点运行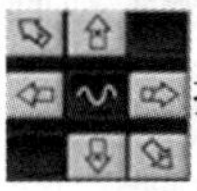按坐标轴方向键 ，如果选错了方向，则不会产生运动，给每个坐标轴逐一回参考点。通过选择另一种运行方式(如 MDA、AUTO、JOG)可以结束该功能。

(3)新建程序

广数的程序组成格式必需是一个字母“O”跟四位数的数字组成。按进入编辑模式，点击程序按钮，输入程序名如 O5858，点击按钮，即可进行程序的编辑。

(4)呼出/删除程序

按进入编辑模式，点击程序按钮，输入要打开的程序名，如 O5858，点击向下光标键或者输入键调出的程序自动跳转到加工程序页面。

删除程序，如输入程序号 O5858，按 DEL 键，则对应键入程序号的存储器中程序被删除。如输入的程序号为 O5858，将删除所有存储的程序。

(5)查看程序目录

在非编辑模式下点击程序按钮后，配合翻页键切换页面，“程序目录” 如图 2.2－32 所示。

(6)录入方式

在非编辑模式下点击程序按钮后，配合翻页键换页面“MDI”，按进入切换模式，手动编写程序，程序输入结束后，点击循环启动按钮，程序自动执行，如图 2.2－33 所示。

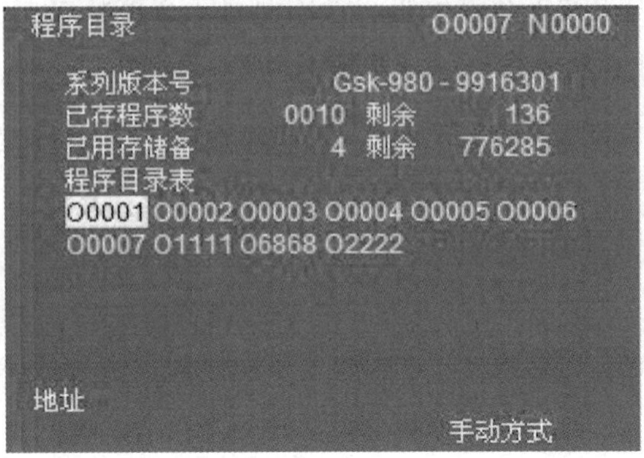

图 2.2-32 程序目录

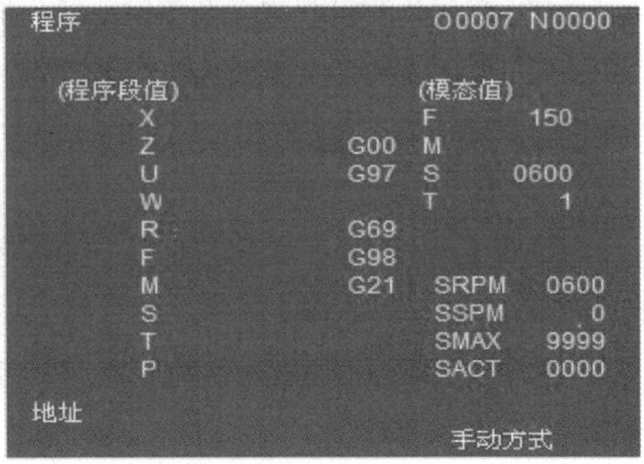

图 2.2-33 手动方式显示

(7)编辑程序

广数的程序不是以字符为单位的，是以一个功能代码和数字组成，G00 X100 Z80 就是三个单位，代码跟数字是不能独立的。打开要编辑的程序，配合光标与编辑按钮编辑程序。如果持续按光标或者光标，则会连续自动快速移动光标。按下翻页键，画面翻页，光标移至下页开头的字。按上翻页键，画面翻到前一页，光标移至开头的字。持续按下翻页或上翻页，则自动快速连续翻页。

(8)检索字

从光标当前位置开始，向左或向右检索指定的字，如图 2.2-34 所示。

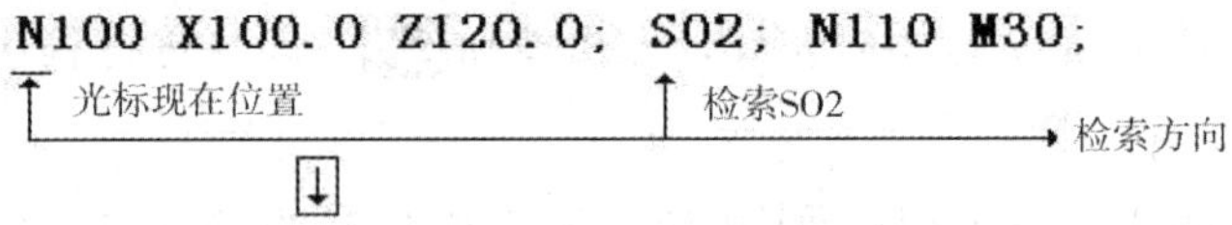

图 2.2-34 检索字显示

①用键输入地址 S；

②用键输入‘0’，‘2’。

注意： 不能输入 S2，否则就不能检索 S02。

③按光标键，开始检索。

如果检索完成了，光标显示在 S02 的下面。如果不是按光标键，而是按光标键，则向反方向检索。如果还没有检索到要查找的内容，可以继续键入查找内容，继续检索。

④字的插入。检索或扫描到要插入的前一个字，用键输入要插入的内容，按键。

⑤字的变更。检索或扫描到要变更的字，输入要变更的地址。如把中 T303 变更为 M03，用键输入数据 M03，按，则新键入的字会代替当前光标所指的字，如图 2.2-35 所示。

⑥字的删除。检索或扫描到要删除的字，如键入 Z80，按键，如图 2.2-36 所示。

N110X100Z80T303 … N110X100Z80M03　　　N110X100Z80M03 …… N110X100M03

图 2.2－35　字的变更　　　　　　图 2.2－36　字的删除

5. 加工螺纹特形轴

输入加工程序，刀具加工后的效果，如图 2.2－37 和图 2.2－38 所示。

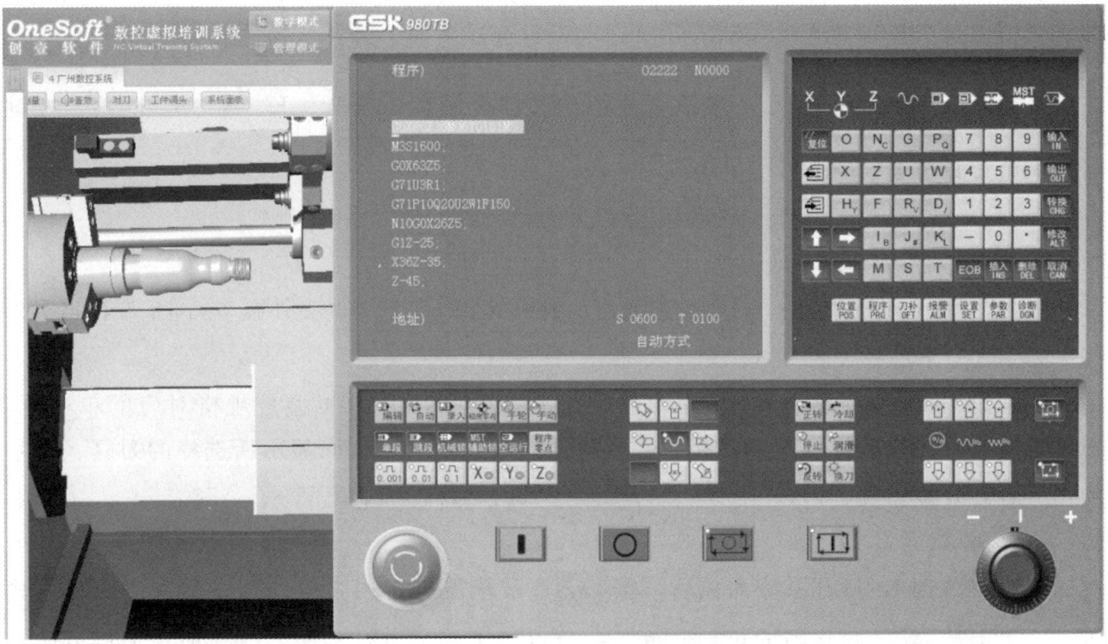

图 2.2－37　加工程序显示

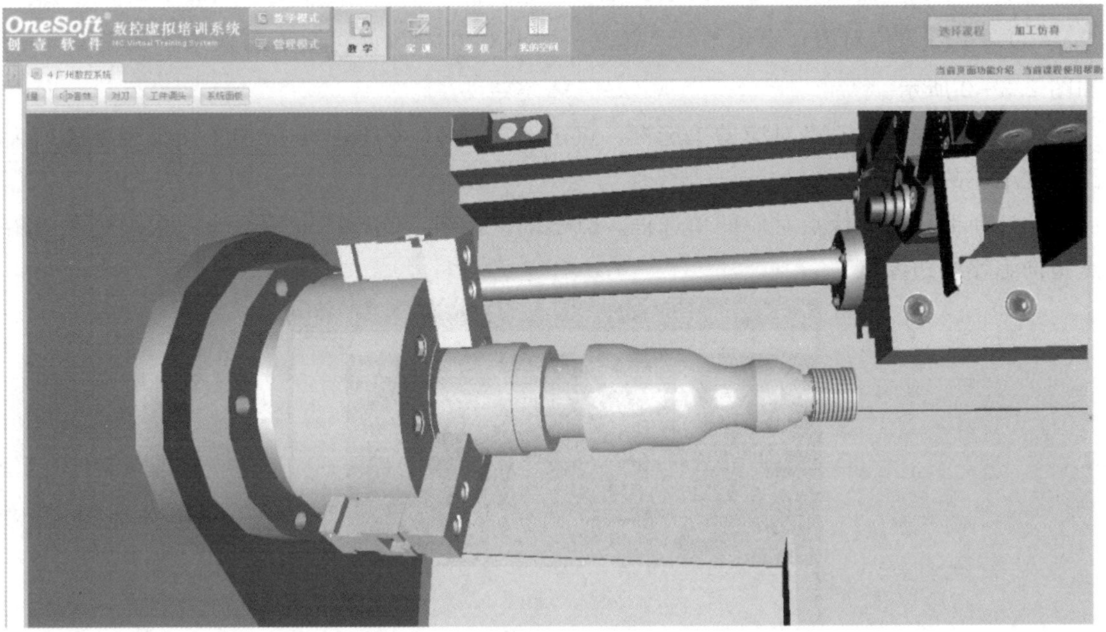

图 2.2－38　加工效果图

2.3　CJK6136 数控车床

2.3.1　西门子系统

1. 刀具选择

点击刀具选择标签页 刀具选择 ，进入刀具选择页面，选择所需的刀具。

：表示刀位。如：1 表示 1 号刀位。结合键盘 Q、W、E、A、S、D 六个按键可以调整刀具位置。

例如：

(1)选中 2 号刀位。

(2)选择 ▸直头外圆车刀 ，页面显示直头外圆车刀 62.5°，直头外圆车刀 72.5°和直头外圆车刀 75°。

(3)选择直头外圆车刀 62.5°为刀具，点击 SDNCN3225P11 型号规格对应的单选框，点击合金牌号对应的详细>>链接，选择所需的合金牌号。页面显示所选择的刀具、型号规格和合金牌号名称。刀具库的 2 号刀位上安装所选择的刀。

2. 自动对刀

点击 系统面板 ，打开系统面板后，按 ，系统需进行回零操作，在默认的回零方式下，点击 +Z 、 +X ，机床返回机械原点。刀位点是表示刀具特征的点，一般是刀位上的一点。尖形车刀的刀位点为假想刀尖点。

(1)对 1 号刀位对刀，点击 对刀 按钮，弹出对刀的网页对话框与效果，如图 2.3－1 和图 2.3－2 所示。

①选择毛坯的中心点对应的单选框，点击确定按钮，CJK6136 数控车床模型中的刀尖点指向毛坯的中心点。

②选择毛坯的边缘点对应的单选框，点击确定按钮，CJK6136 数控车床模型中的刀尖点指向毛坯的边缘点。

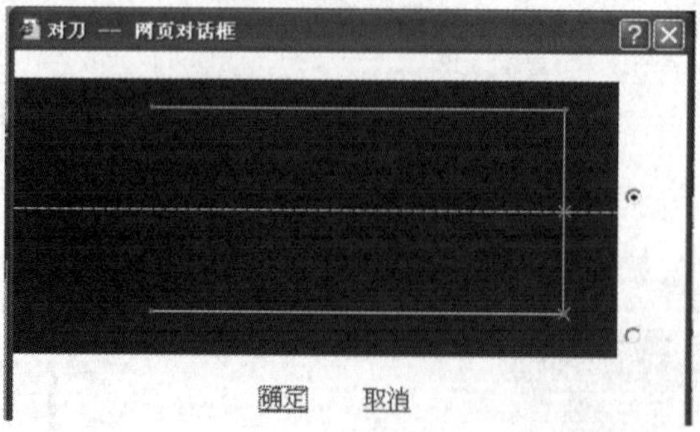

图 2.3－1　对刀网页对话框

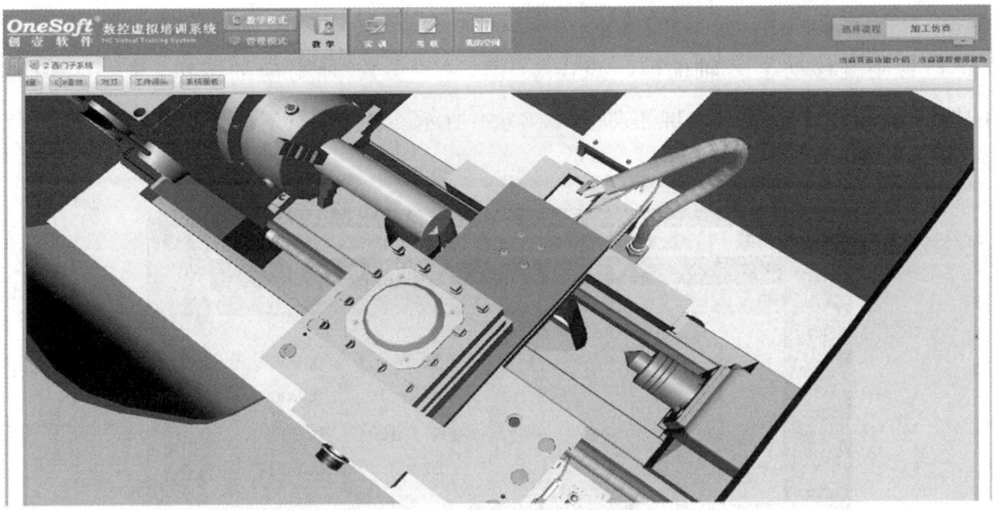

图 2.3-2　1号刀具对刀

(2)如果是要对非1号位对刀，假如对2号位进行对刀：点击MDA按钮，当屏幕上有显示语言放大区、工件坐标、实际值放大时，输入M06T02D02，点击INSERT按钮，再点击循环启动按钮，最后点击 对刀 实现换刀。接着可进行对刀操作，操作方法同上。

3. 手动对刀

(1)在主轴正转、毛坯已设置完全(包括长度和半径)的情况下，让机床工作在手动方式下，在对第一把刀时，因为毛坯往往是不均匀的，都需车出一刀微量的值。

(2)先对 Z 轴进行对刀，按+X、+Z、-X、-Z按钮，手动调整刀具位置，如图2.3-3所示。

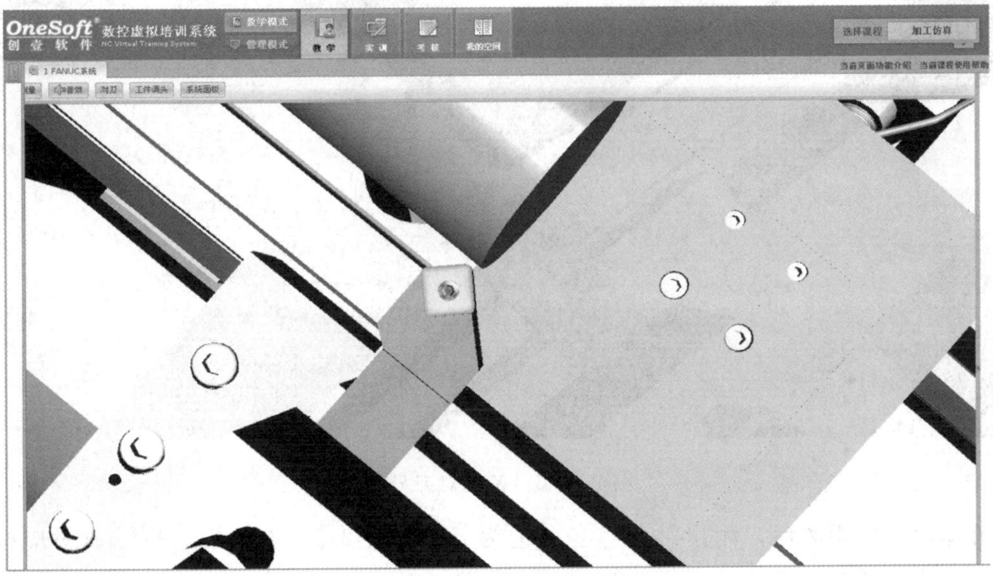

图 2.3-3　手动调整刀具位置

按住"－X"键，车端面，待车好时，按住"＋X"键，退到安全的位置，不可按"－Z"、"＋Z"键，否则就移动了 Z 轴的值。点击键，按"参数"所对应的按钮，按"刀具补偿"所对应的按钮，最后点击对刀，屏幕如图 2.3－4 所示。点击"计算"按钮，再点击"确定"按钮，Z 轴对刀完成。

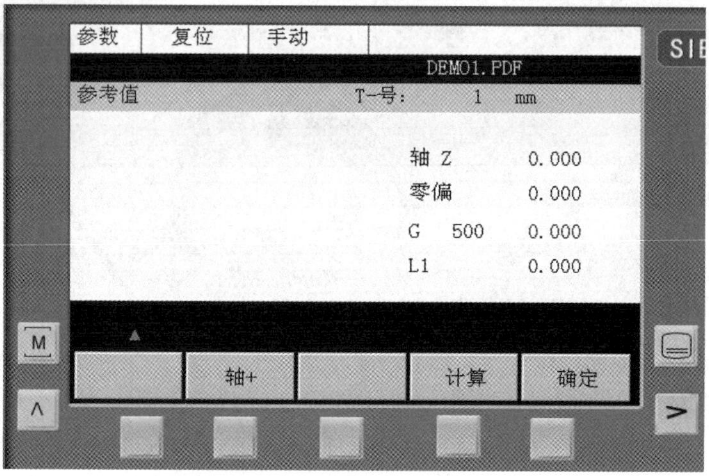

图 2.3－4　Z 轴对刀屏幕显示

(3)再对 X 轴进行对刀，按"＋X"、"＋Z"、"－X"、"－Z"按钮，手动调整刀具到如图 2.3－5 所示位置。

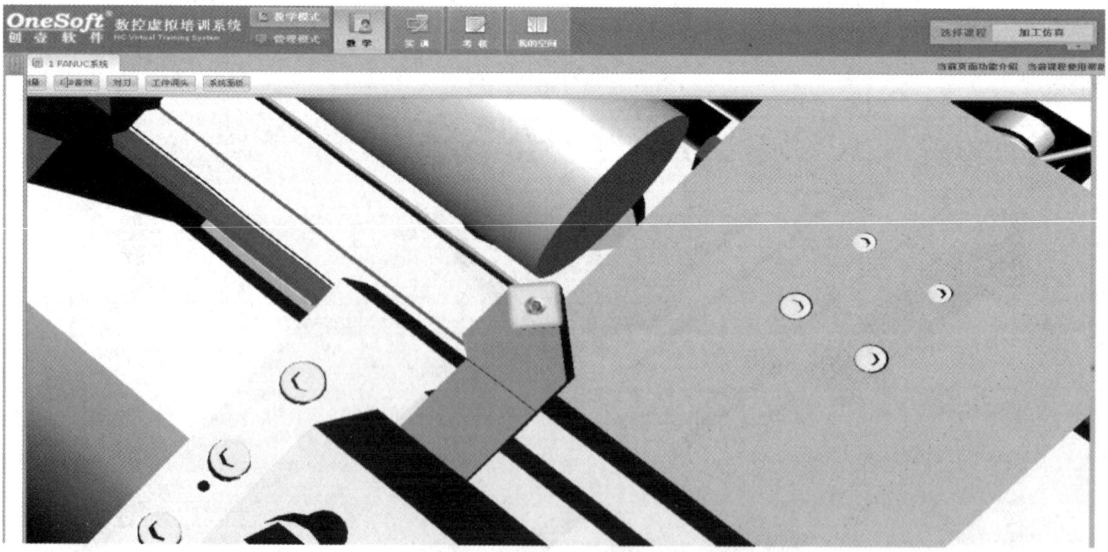

图 2.3－5　X 轴对刀显示

在车出一段距离后，测出轴的直径，记为 d，在图 2.3－6 中按 轴+ 所对应按钮。将 d 的值，输入轴 X 中，点击"计算"按钮，再点"确定"按钮，即可。X 轴对刀屏显如图 2.3－6 所示。

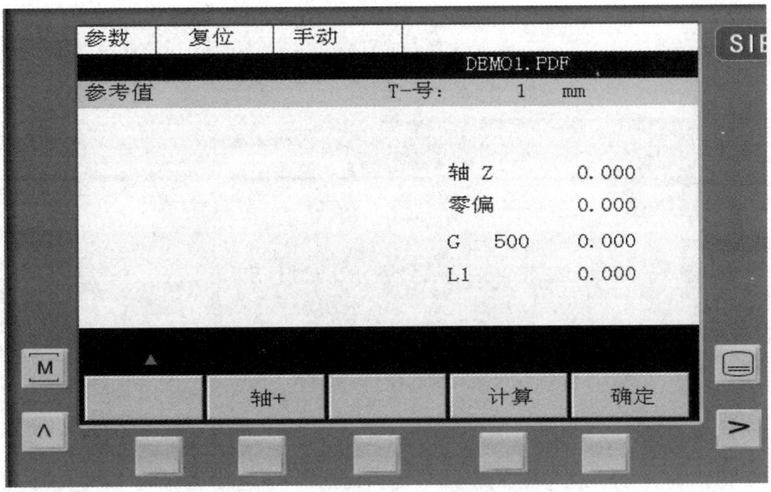

图 2.3－6　*X* 轴对刀屏幕显示

4. 新建程序

点击菜单键，按程序软键，按 >，点击新程序所对应的软键，输入新程序名（任意字母、数字皆可），点 > 后按完成所对应的软键。

点击“程序列表”标签页，在程序列表页面中，点击浏览按钮，选择所需的程序文件后，点击上传，即可上传程序。

5. 加工锥轴

点击“系统面板”标签页，如图 2.3－7 所示。使用、标签页，找到所需的程序名，点击打开软键，将 MDA 切换到 AUTO 方式，再点“循环启动”按钮。效果如图 2.3－8 所示。

图 2.3－7　系统面板

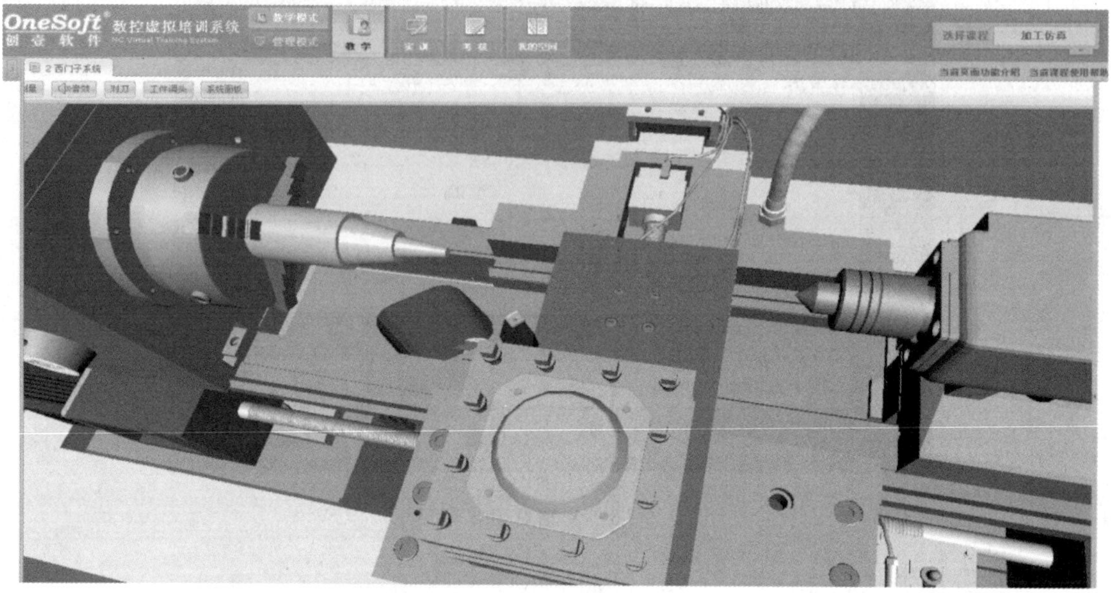

图 2.3-8　加工锥轴显示

2.3.2　华中系统

1. 自动对刀

点击 系统面板 打开系统面板后，点击机床保护的旋钮，旋钮指向 1，再点击系统启动按钮，启动系统。此时，系统出现 ALM 的报警信息，在默认的回零方式下，点击轴/位置对应的＋Z、＋X 按钮，机床回参考点，系统取消报警。

刀位点是表示刀具特征的点，一般是刀位上的一点。尖形车刀的刀位点为假想刀尖点。

在加工程序执行前，调整每把刀的刀位点，使其置于对刀点上，以建立工件坐标系。

(1)如果 1 号刀位对刀，点击 对刀 按钮，弹出对刀网页对话框，如图 2.3-9 所示。

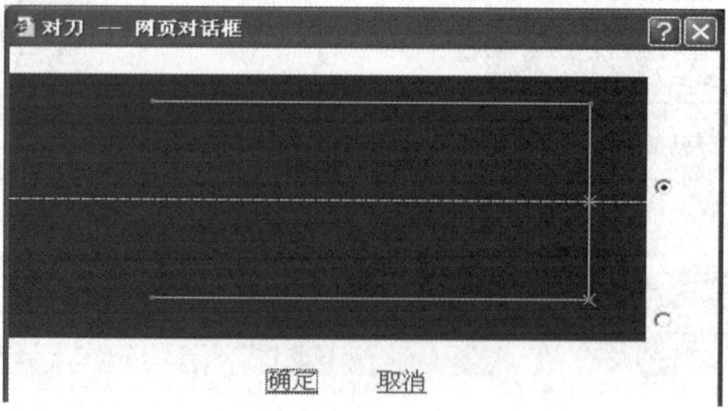

图 2.3-9　对刀网页对话框

1 号对刀如图 2.3 - 10 所示。

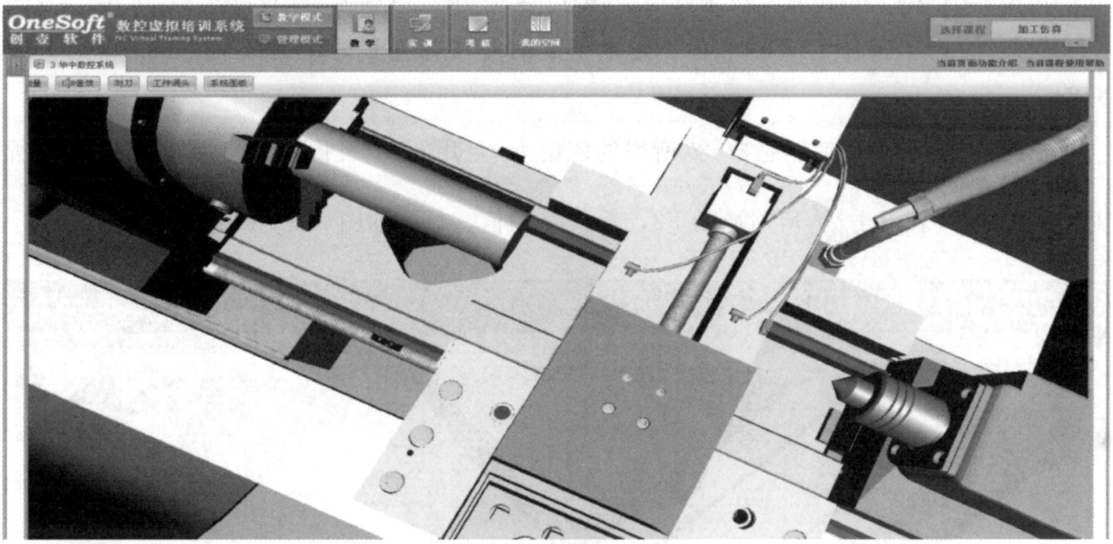

图 2.3 - 10　1 号对刀显示

① 选择毛坯的中心点对应的单选框，点击“确定”按钮，CK7136 数控车床模型中的刀尖点指向毛坯的中心点。

② 选择毛坯的边缘点对应的单选框，点击“确定”按钮，CK7136 数控车床模型中的刀尖点指向毛坯的边缘点。

(2)如果对非 1 号位对刀，如对 2 号位进行对刀：在系统面板上，点击 MDI 所对应的按键 F4，接着点击 MDI 运行所对应的按键 F6，输入 M06T02 按 Enter，按住 循环启动，刀座旋转到 2 号刀位，最后按 对刀，点击“确定”按钮。

(3)对刀后，点击系统面板上的 MDI 所对应的软键 F4，再点击系统面板上刀偏表所对应的软键 F2，1 号刀位对刀如图 2.3 - 11 所示，此时，系统的编程坐标系以 X 轴－164.058、Z 轴－99.075302 为原点。

华中数控　自动　运行正常　11:00:39

当前加工行:

刀偏表:

刀偏号	X偏置	Z偏置	X磨损	Z磨损	试切直径	试切长度
#0000	-164.058	-99.0753	0.000	0.000	0.000	0.000

图 2.3 - 11　1 号刀位对刀

2. 手动对刀

(1)在主轴正转、毛坯已设置完全(包括长度和半径)的情况下，点击手动，在对第一把刀时，因为毛坯往往是不均匀的，都需车出一刀微量的值。

(2)先对 Z 轴进行对刀，按“＋X”、“＋Z”、“－X”、“－Z”按钮，将机床手动调整到如

图 2.3-12 所示位置。

按住“－X”键，车端面，待车好时，按住“＋X”键，退到安全的位置，不可按“－Z”、“＋Z”键，否则就移动了 Z 轴的值。记录下此时是实际坐标，记为 a，点击测量记下此时的

长度，记为 b，将毛坯总长－b 所得的值记为 c，用 $a+c$ 所得的值记为 d。点击

所对应的 F4，接着点击

所对应的 F2，输入 d 的值，显示如图 2.3-13 所示。

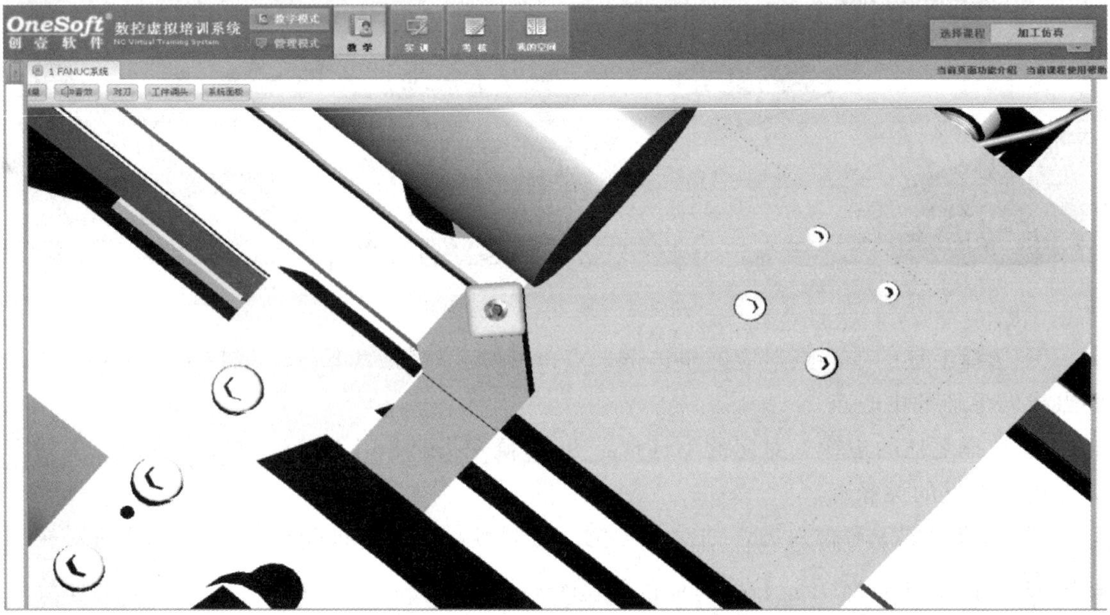

图 2.3-12　Z 轴对刀显示

刀偏号	X偏置	Z偏置	X磨损	Z磨损	试切直径	试切长度
#0000	0.000	-99.0753	0.000	0.000	0.000	0.000

图 2.3-13　Z 轴坐标显示

(3)再对 X 轴进行对刀，按“＋X”、“＋Z”、“－X”、“－Z”按钮，将刀具手动调整到如图 2.3-14 所示位置。

按“－Z”键，车出一段长度，点击测量，测出此时的半径值，记为 e，原有的半径值记为 d，将 $d-e$ 所得的值，记为 f(＋/－号的判断，所需的原点坐标在此位置的正方向，所以是＋，重点在所需值是往正、负方向，符号也相应的发生改变)。点击

所对应的 F4，接着点击

所对应的 F2，如图 2.3-15 所示。

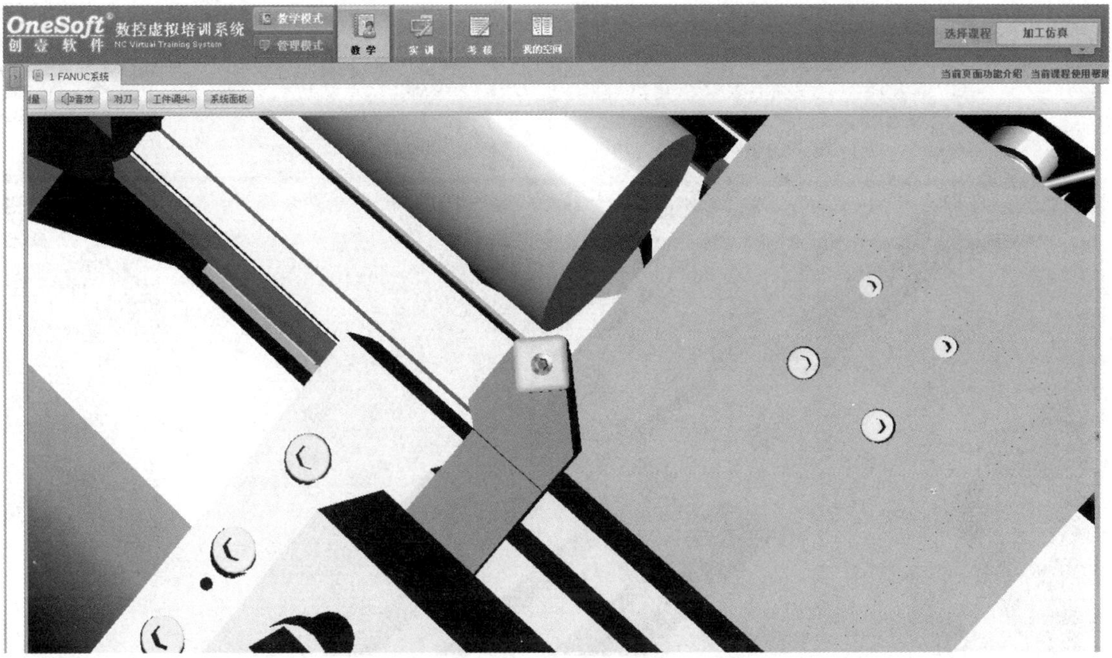

图 2.3－14　*X* 轴对刀显示

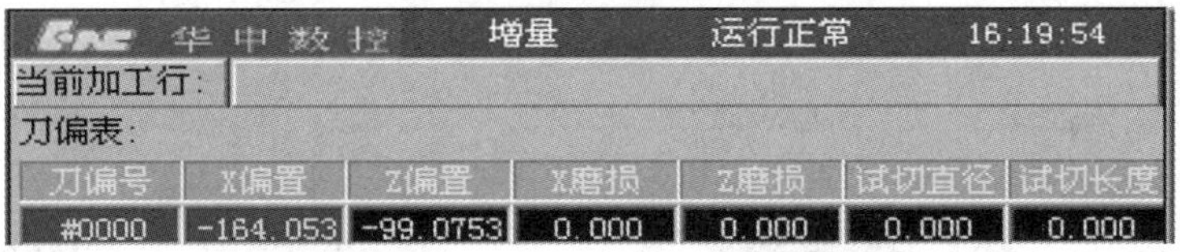

刀偏号	X偏置	Z偏置	X磨损	Z磨损	试切直径	试切长度
#0000	-164.053	-99.0753	0.000	0.000	0.000	0.000

图 2.3－15　*X* 轴坐标显示

注意：在刀偏表中，刀偏号＃0000 表示 1 号刀，输入 *X*、*Z* 偏置的值时，应将上下光标移到所需输入的位置，先点击 Enter，接着输入数字，最后按 Enter 键，即可。

(4)其他刀位的刀具对刀，*Z* 轴对刀，将刀具移动到端面的前方，快接近时，调整。

进给倍率为 20%，慢慢的触碰端面，再将机床的实际位置坐标输入到偏置/形状中；对 *X* 轴对刀，刀具移动位置如图 2.3－16 所示。

(5)螺纹刀是个例外，若螺纹刀的左刀位，在偏置/形状中 *Z* 轴的值要加上刀具半径值，若为刀尖部分，则不需要考虑这个问题。

3. 加工

打开 NC 开关，置模式旋钮在"回参考点"位置，选择 *Z* 轴正方向，即 *Z* 轴回参考点，待刀具运动停止后，同理选择 *X* 轴正方向。锥轴加工效果如图 2.3－17 所示。

4. 选择磁盘程序

"浏览"选择已保存的 TXT 程序文本确定后上传。单击"自动加工 F1"按钮显示"磁盘程序"，再按 F1，显示加工程序，如图 2.3－18 所示。按▲ ▼光标选择其中的程序，按"ENTER"键，选中的程序被打开。在"自动"模式下，按"循环启动"键，程序可运行，如图 2.3－19 所示。

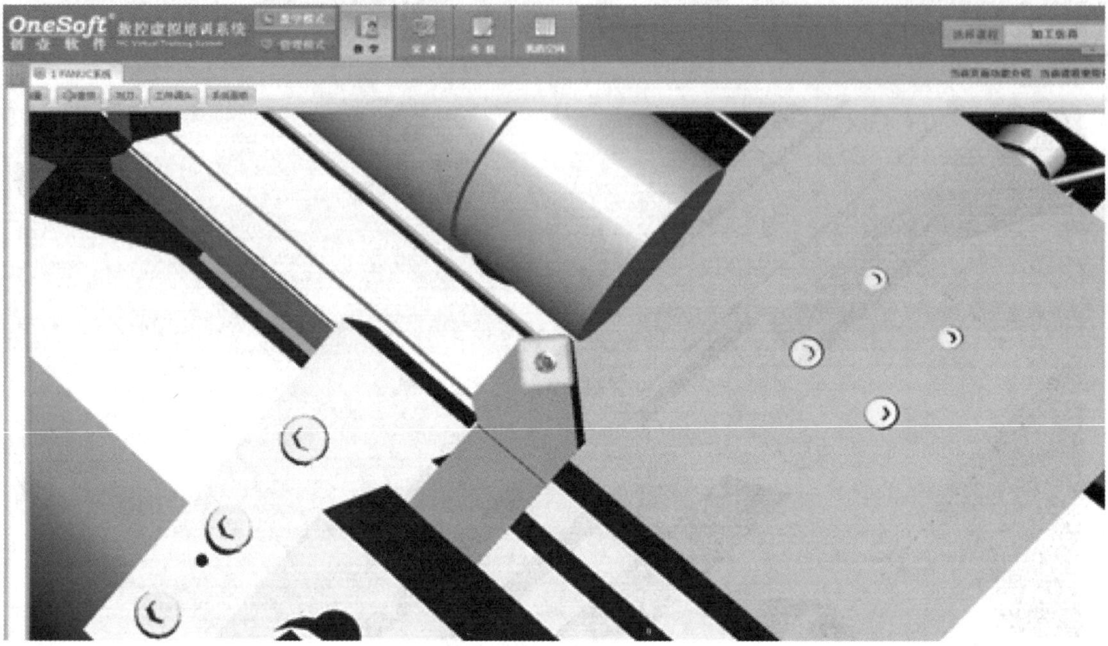

图 2.3－16　对刀显示

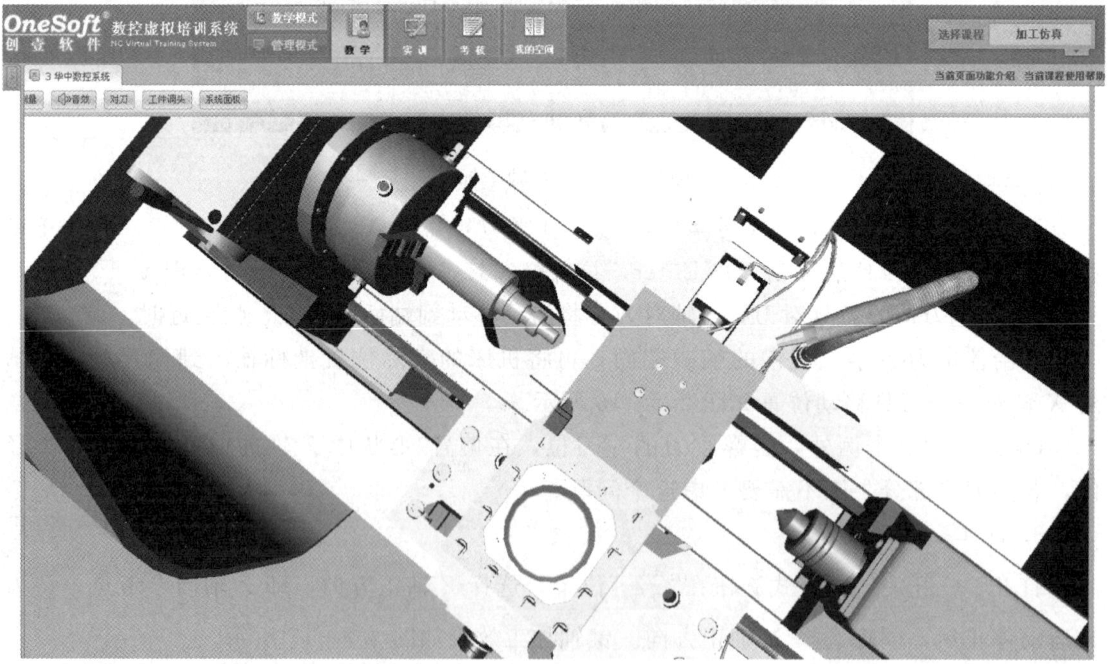

图 2.3－17　锥轴加工效果图

图 2.3-18　磁盘程序显示

5. 新建程序

单击“程序编辑 F2”，再单击“文件管理 F1”，在“文件管理”菜单中用光标键选中“新建文件”选项，再单击 F2，显示输入新文件文本框，输入文件名 6666。按 Enter 键系统将自动生成一个新程序即可进行编辑，如图 2.3-20～图 2.3-22 所示。

6. 保存程序

编辑好程序后，按 F4 保存文件(不能保存空程序)。

如果要上传已编辑好的程序，按“浏览”按钮，用户可以将编写好的 TXT 文本文档直接上传，程序列表会生成一个新的文件名。

在调出加工程序后，按 F2 选择编辑程序菜单，再按 F2 选中正在加工的程序选项。按光标键即可进行编辑了，如图 2.3-23 所示。

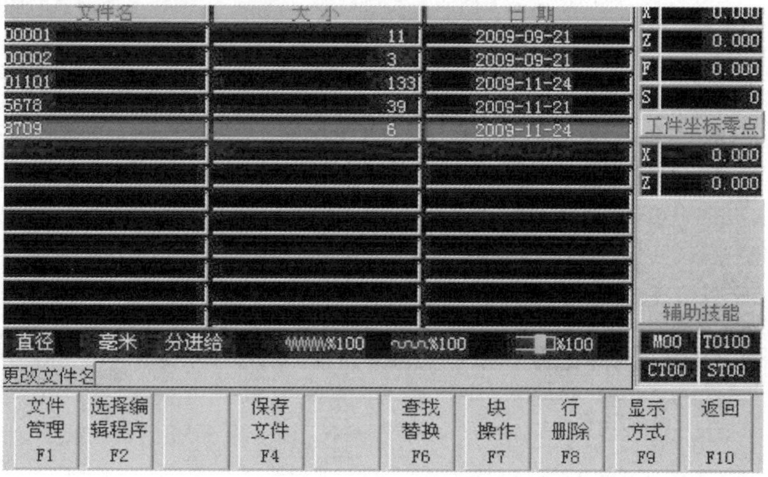

图 2.3-19　加工程序显示

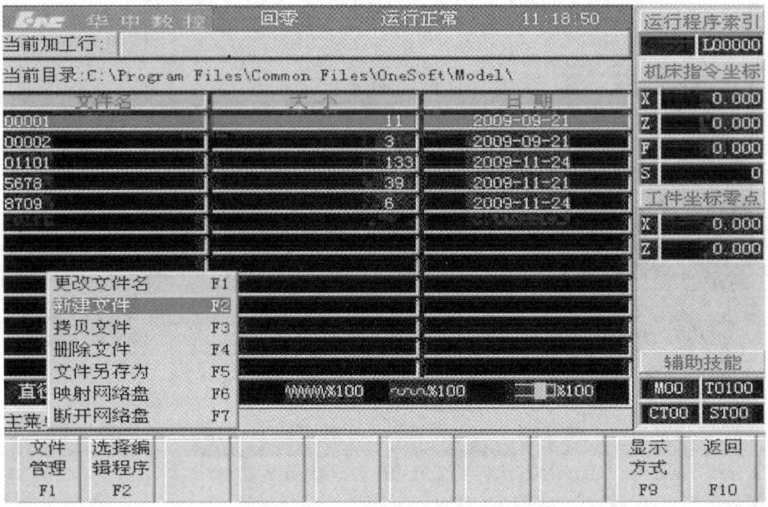

图 2.3－20　选择新建文件

图 2.3－21　输入新文件名

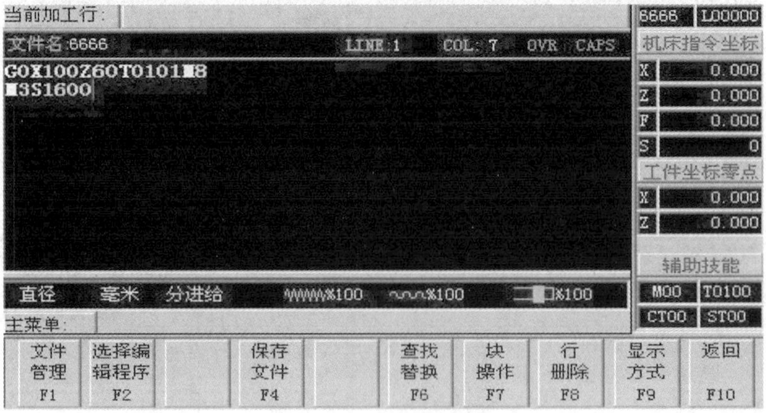

图 2.3－22　新程序生成

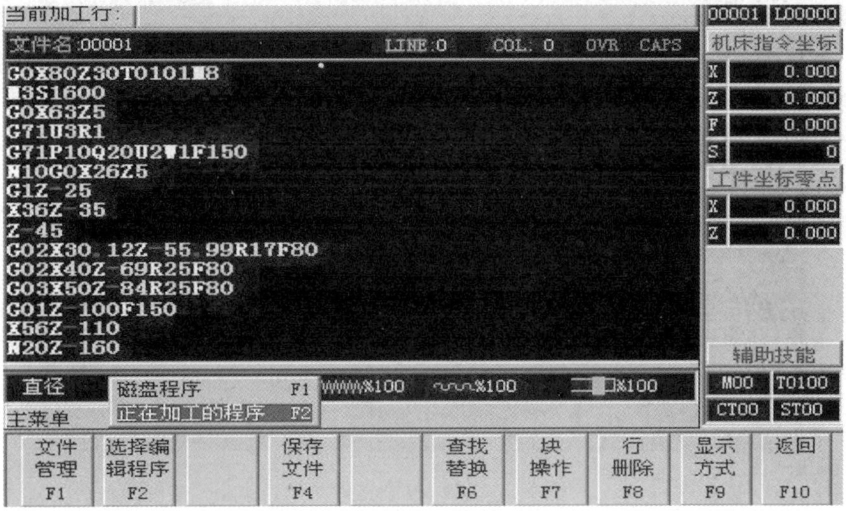

图 2.3-23 正在加工的程序显示

7. 更改程序名

(1) 按程序编辑菜单中"文件管理 F1",如图 2.3-24 所示。

(2) 按 F1,用上下光标键选择所要更改文件名的程序,如图 2.3-25 所示。

(3) 按"ENTER"键,用"光标""BS""Del"键进行编辑修改,如图 2.3-26 所示。

(4) 修改好后,按"ENTER"键,如图 2.3-27 所示。

(5) 如确实要更改选中的程序名按"Y",否则按"N",如图 2.3-28 所示。

8. 删除程序

(1) 按程序编辑菜单中"文件管理",如图 2.3-29 所示。

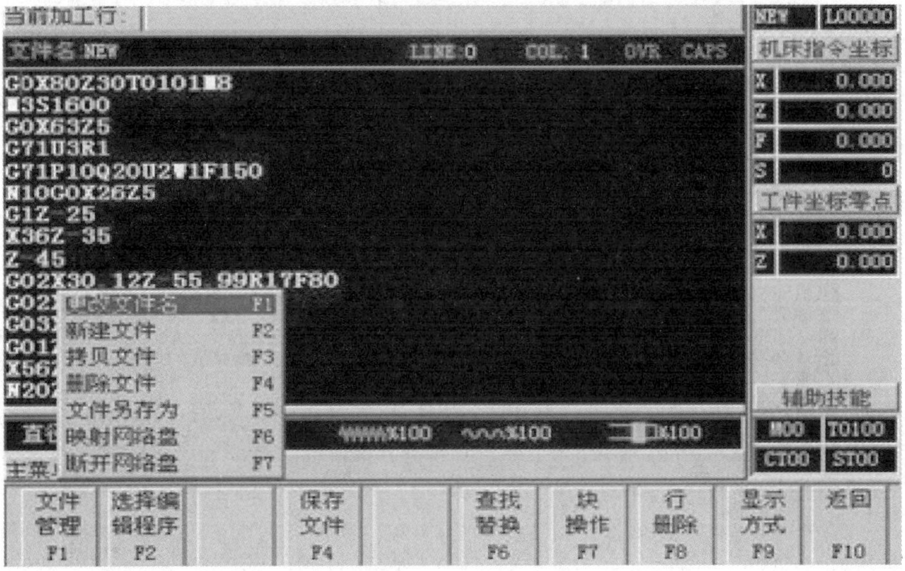

图 2.3-24 "更改文件名 F1"显示

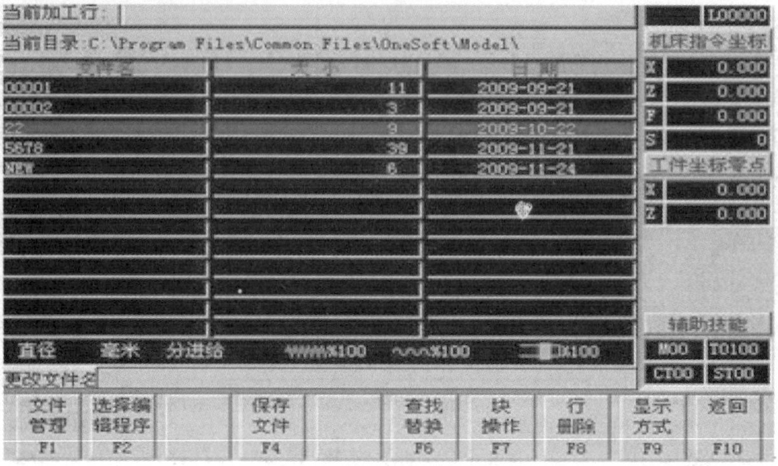

图 2.3－25　程序文件显示

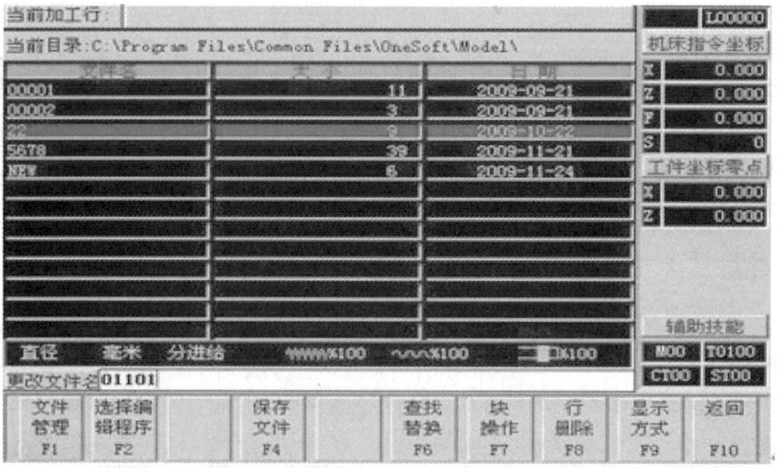

图 2.3－26　输入文件名显示

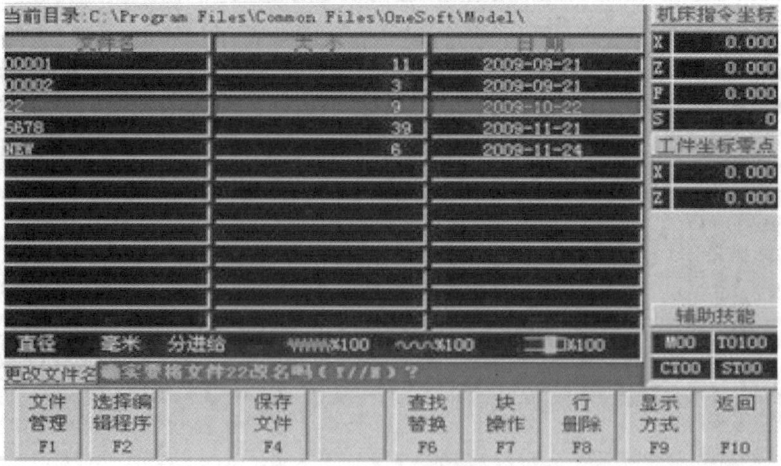

图 2.3－27　文件名更改确认显示

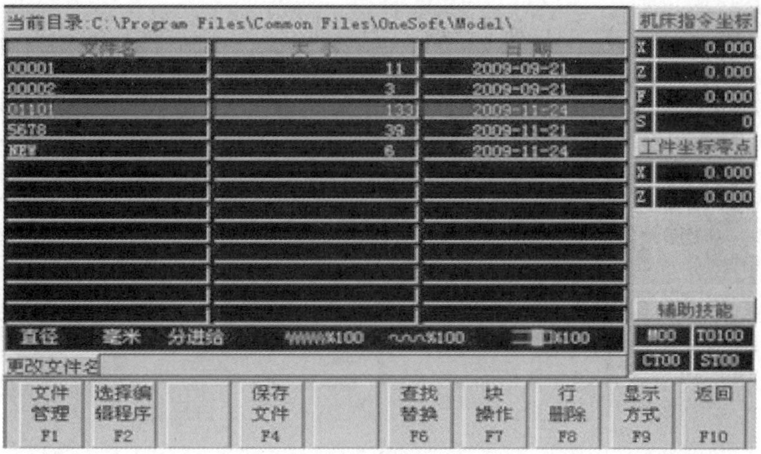

图 2.3 - 28　更改文件名显示

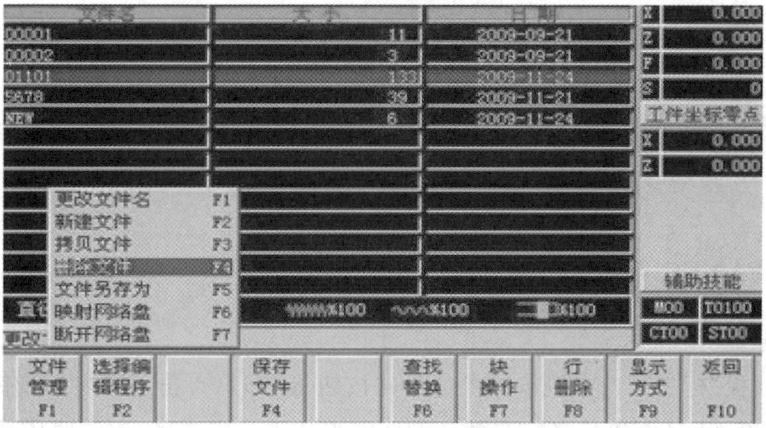

图 2.3 - 29　删除文件显示

(2) 按 F4，用上下光标选择要删除的程序，如 O0002 按“Enter”键，如图 2.3 - 30 所示。

(3) 如确实要删除选中的程序，按“Y”，否则按“N”，如图 2.3 - 31 所示。

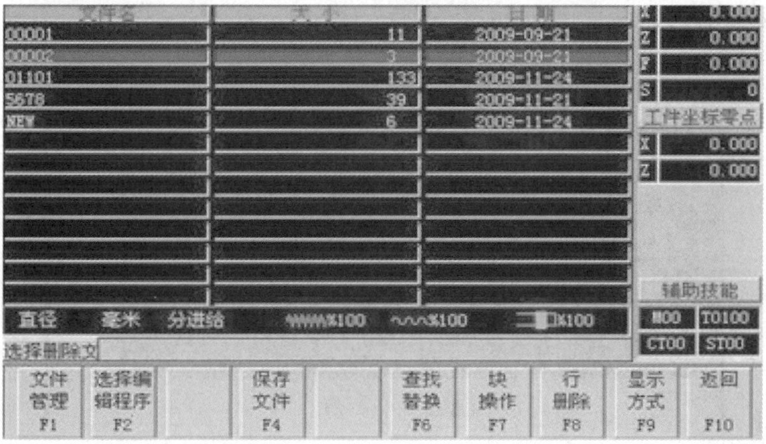

图 2.3 - 30　程序文件显示

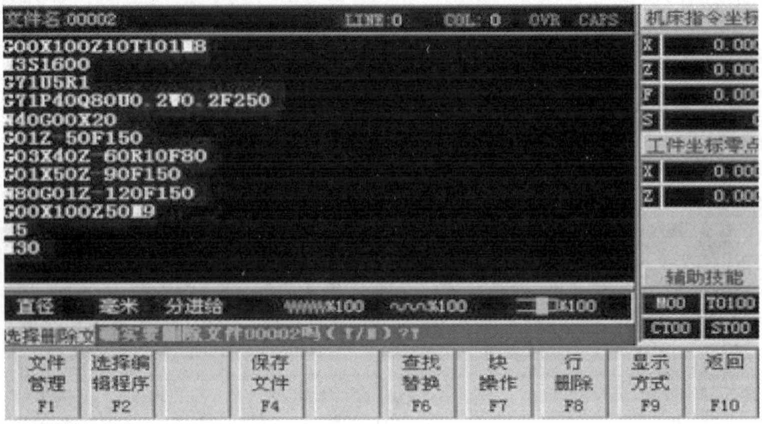

图 2.3-31　删除程序确认显示

9. 打开毛坯设置

选择“预览”根据程序设置毛坯的大小，提交后切换至系统面板页面，置于自动模式把刀库退到安全位置(及 Z 和 X 轴最正向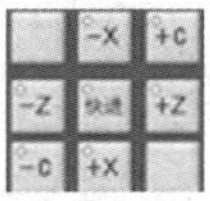)，然后选择自动模式，按循环启动开始加工零件。

2.3.3　FANUC 系统

1. 自动对刀

在“系统面板”标签页，将机床保护的旋转按钮指向 1，点击系统启动按钮，系统启动。此时，系统出现 ALM 报警信息，在默认的回零方式下，点击轴/位置对应的＋Z、＋X 按钮，机床回参考点，系统取消报警。

刀位点是表示刀具特征的点，一般是刀位上的一点。尖形车刀的刀位点为假想刀尖点。

在加工程序执行前，调整每把刀的刀位点，使其置于对刀点上，以建立工件坐标系。

(1)如果 1 号刀位对刀，点击按钮，弹出对刀网页对话框，如图 2.3-32、图 2.3-33 所示。

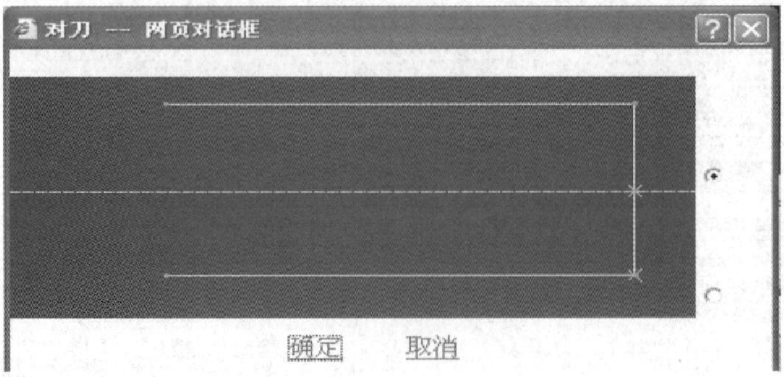

图 2.3-32　对刀网页对话框

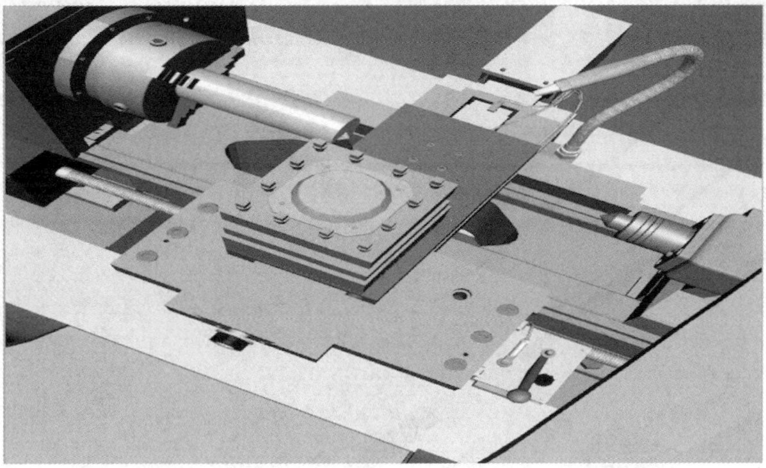

图 2.3-33　1号刀位对刀

①选择毛坯的中心点对应的单选框，点击确定按钮，CJK6136数控车床模型中的刀尖点指向毛坯的中心点。

②选择毛坯的边缘点对应的单选框，点击确定按钮，CJK6136数控车床模型中的刀尖点指向毛坯的边缘点。

(2)如果是要对非1号位对刀，假如对2号位进行对刀：将方式选择旋钮指向MDI，点击PROG按钮，输入M06T0404，点击EOB和INSERT按钮，再点击循环启动按钮，实现换刀。接着可进行对刀操作，操作方法同上。

(3)对刀后，点击系统面板上的，点击“偏置”对应的软键，再点击“形状”对应的按钮，1号刀位对刀如图2.3-34所示。此时，系统的编程坐标系以 *X* 轴－164.058105、*Z* 轴－99.075302为原点。

偏置 / 形状			
	NO.	X轴	Z轴
G	001	-164.058105	-99.075302

图 2.3-34　1号刀位对刀图

2. 手动对刀

(1)在主轴正转、毛坯已设置完全(包括长度和半径)的情况下，将机床选择按钮旋转到手动，在对第一把刀时，因为毛坯往往是不均匀的，都需车出一刀微量的值。

(2)先对 *Z* 轴进行对刀，按“＋X”、“＋Z”、“－X”、“－Z”按钮，手动调整刀具，如图2.3-35所示。

按住“－X”键，车端面，待车好时，按住“＋X”键，退到安全的位置，不可按“－Z”、“＋Z”键，否则就移动了 *Z* 轴的值。

点击键，屏幕显示如图2.3-36所示。

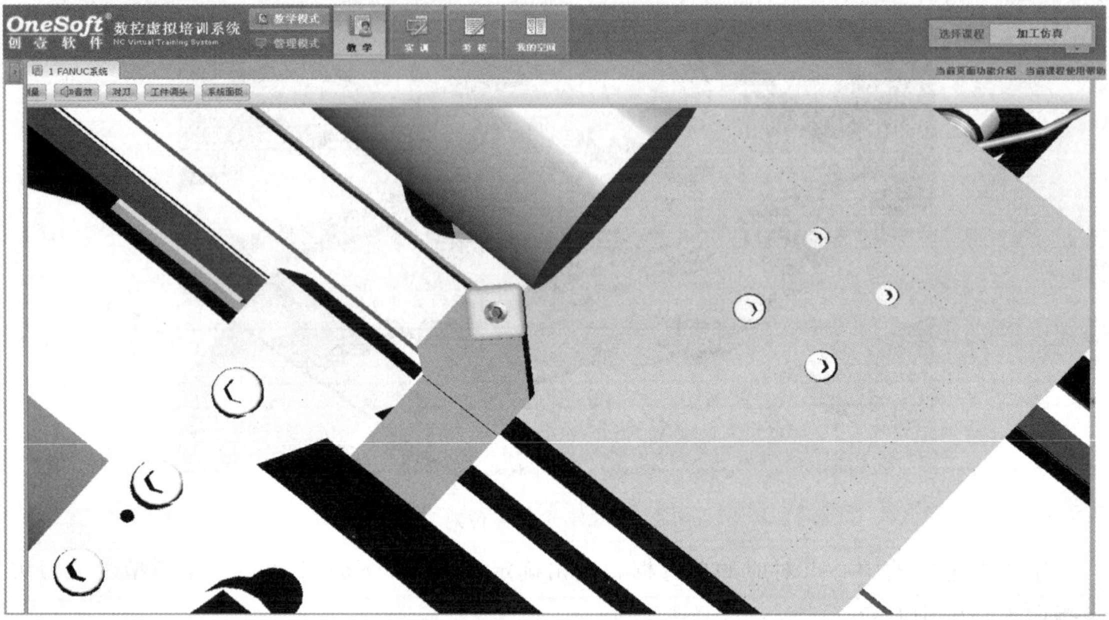

图 2.3-35　*Z* 轴对刀显示

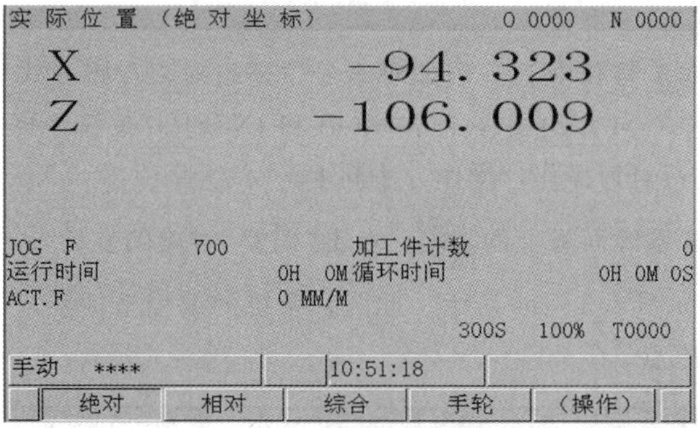

图 2.3-36　*Z* 轴对刀屏幕显示

记下 *Z* 轴的实际位置数值 *a*，在点击测量，测出这时是长度，将总长减去此时的长度所得值记为 *b*，将 *a*+*b* 所得的值记为 *c*（+/－号的判断，所需的原点坐标在此位置的正方向，所以是+，重点在所需值是往正、负方向，符号也相应的发生改变）。点击，按"偏置"所对应的软键接着按"形状"，在 *Z* 轴中输入 *c* 的值，如图 2.3-37 所示。

(3)再对 *X* 轴进行对刀，按"＋X"、"＋Z"、"－X"、"－Z"按钮，手动调整刀具到如图 2.3-38 所示位置。

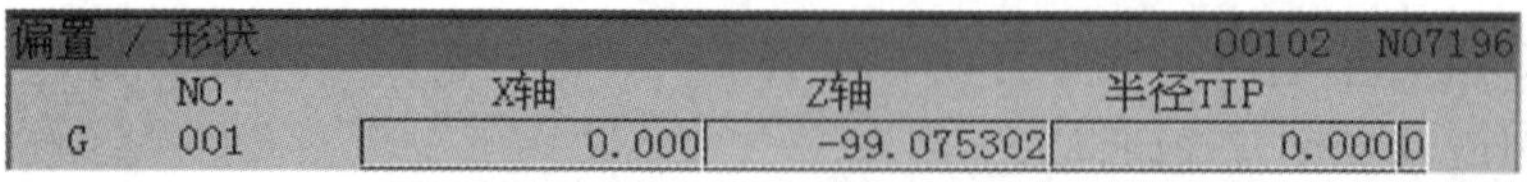

图 2.3-37　*Z* 轴坐标显示

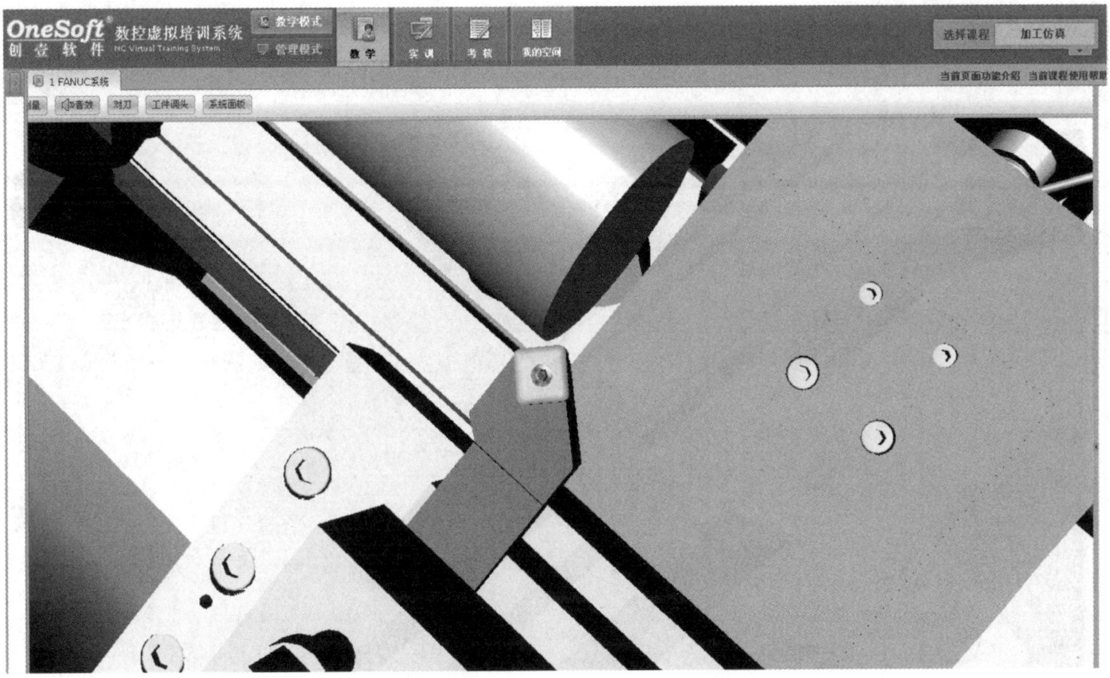

图 2.3-38　*X* 轴对刀显示

按－Z 键，车出一段长度，点击测量，测出此时的半径值，记为 *e*，原有的半径值记为 *d*，将 *d*－*e* 所得的值，记为 *f*(＋/－号的判断，所需的原点坐标在此位置的正方向，所以是＋，重点在所需值是往正、负方向，符号也相应的发生改变)。点击，按"偏置"所对应的按钮接着按"形状"，在 *x* 轴中输入 *f* 的值，如图 2.3-39 所示。

偏置 / 形状				00102 N07196
	NO.	X轴	Z轴	半径TIP
G	001	-164.058105	-99.075302	0.000 0

图 2.3-39　*X* 轴坐标显示

(4)其他刀位的刀具对刀，对 *Z* 轴对刀，将刀具移动到端面的前方，到快接近时，调整进给倍率为 20%，慢慢的触碰端面，再将机床的实际位置坐标输入到偏置/形状中；对 *X* 轴对刀，刀具移动位置，如图 2.3-40 所示。

(5)螺纹刀是个例外，若螺纹刀的左刀位，在偏置/形状中 *Z* 轴的值要加上刀具半径值，若为刀尖部分，则不需要考虑这个问题。

3. 新建程序

(1)点击"系统面板"标签页，将机床保护旋钮指向 1，随后点击"系统启动"按钮，启动系统面板。

(2)启动系统面板后，会出现报警ALM，需要回参考点解除报警。回参考点：在默认的回零方式下，点击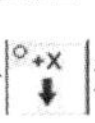和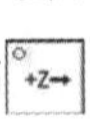，机床返回机械原点，解除报警。

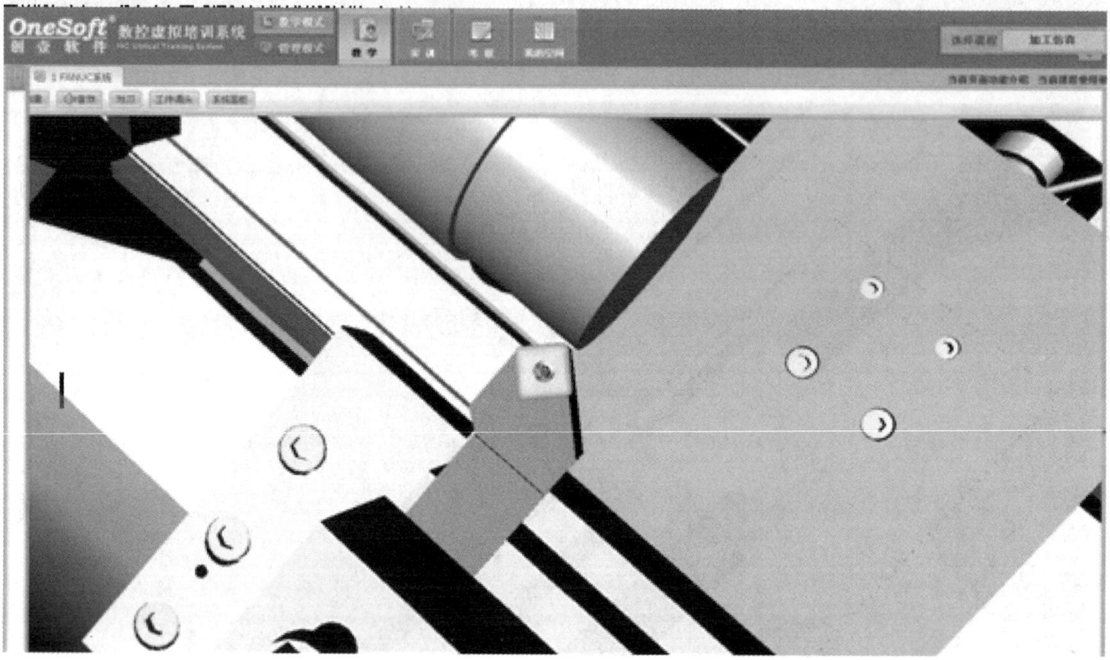

图 2.3－40　其他刀位刀具移动位置

(3)将方式选择旋钮旋转到编辑方式，点击系统面板上的 PROG 键，点击“列表”对应的按钮。

(4)在系统面板的键盘上，输入程序名：O0002(程序名以 O 开头，后边是 4 位数字；如果输入 O2，上传程序名后，会自动变为 O0002；输入的格式错误时，会以红色字体提示错误格式)，并点击 INSERT 键，进入程序编辑页面，输入：N100 G0 G17 G40 G49 G80。编辑程序时，可结合 EOB 键和上下左右光标键。在指令未上传前，使用 CAN 键删除输入的指令。指令上传后，使用 DELETE 键删除指令。

在列表中，选择某个程序，点击 INPUT 键，可进入程序编辑页面。

(5)点击“程序列表”标签页，在程序列表页面中，点击浏览按钮，选择所需的程序文件后，点击上传，即可上传程序。

4. 加工程序

打开程序后，将“方式选择”旋钮旋转到“自动”，点击“循环启动”按钮，刀具会根据程序中的指令进行加工，如图 2.3－41 所示。加工后的效果，如图 2.3－42 所示。

2.3.4　广州数控系统

1. 自动对刀

点击“系统面板”标签页，按，在默认的极度零点下，点击、、，在录入状态下，点击，用、切换页面，如图 2.3－43 所示。输入 M06T，接着按 EOB 输入键，点击“循环启动按钮”。

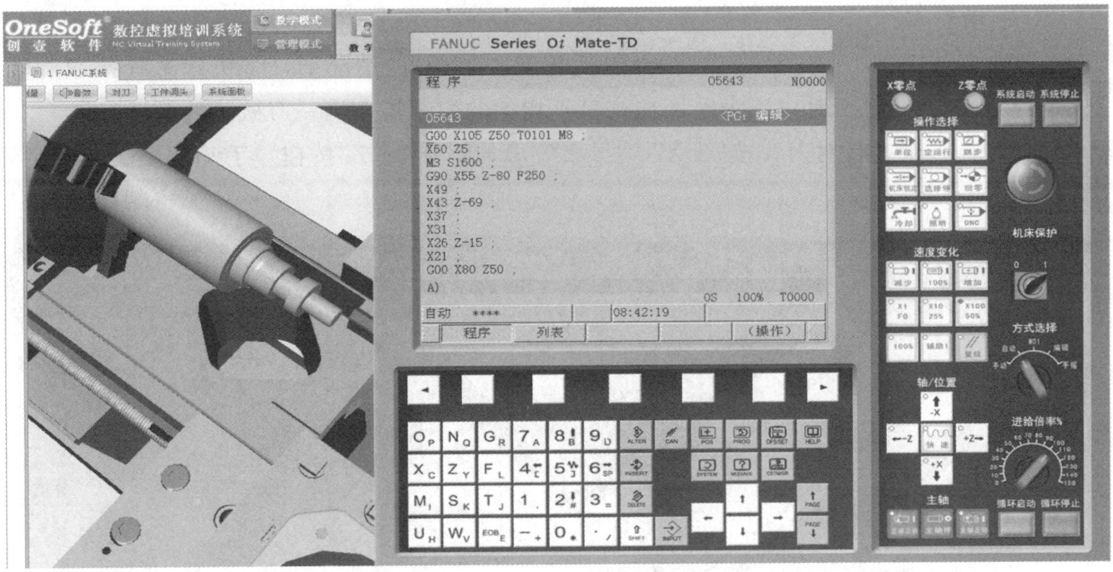

图 2.3-41 加工程序显示

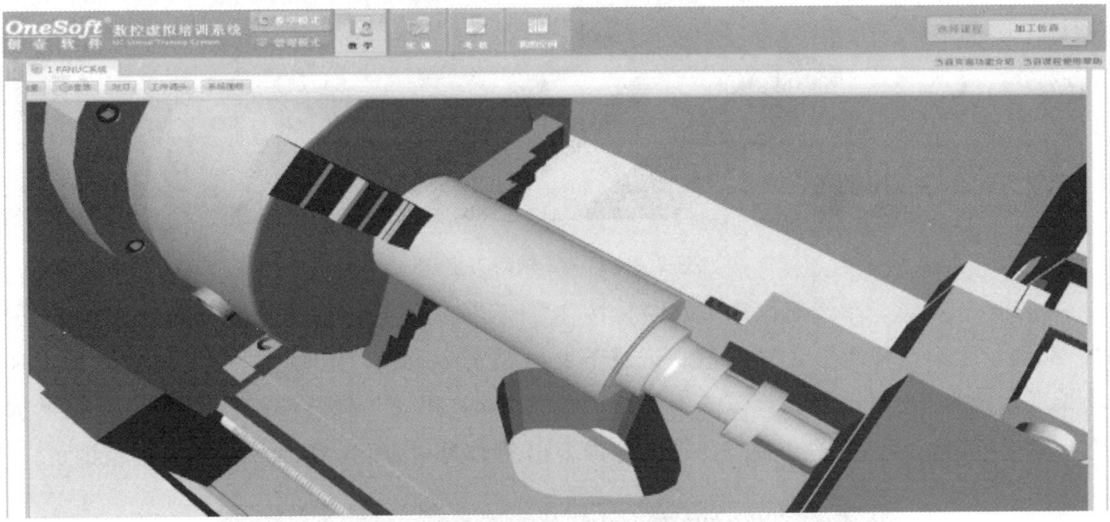

图 2.3-42 加工后的效果图

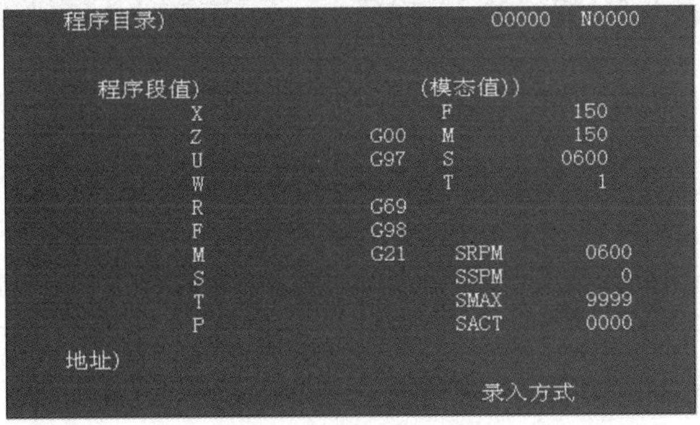

图 2.3-43 录入方式屏幕显示

2. 手动对刀

(1)在主轴正转、毛坯已设置完全(包括长度和半径)的情况下，将机床选择按钮旋转到手动，在对第一把刀时，因为毛坯往往是不均匀的，都需车出一刀微量的值。

(2)先对 Z 轴进行对刀，按“+X”、“+Z”、“−X”、“−Z”按钮，手动调整刀具位置，如图 2.3-44 所示。

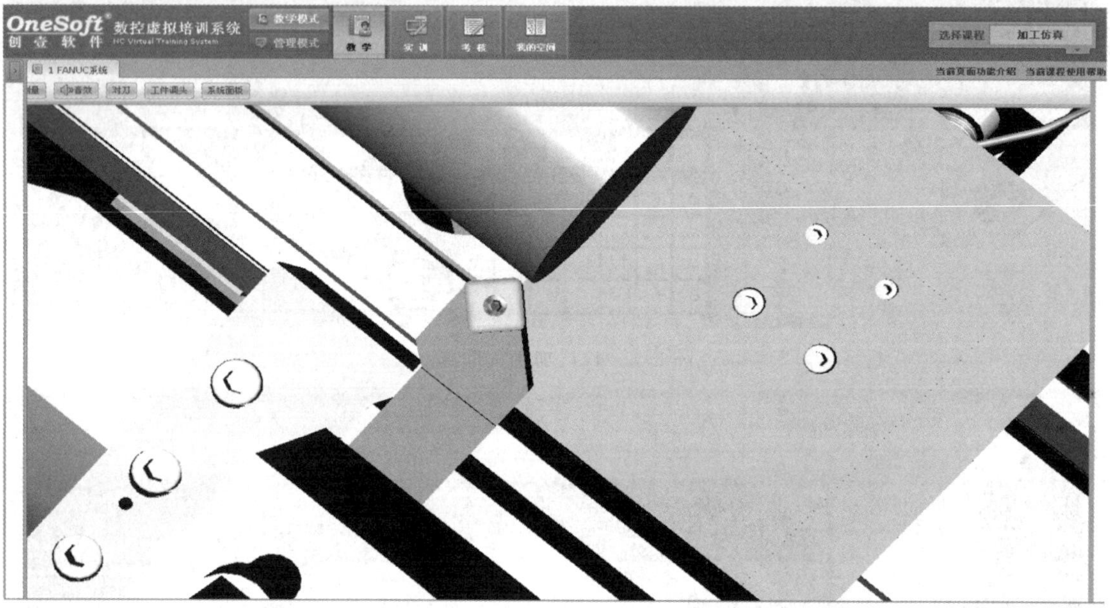

图 2.3-44　Z 轴对刀显示

按住“−X”键，车端面，待车好时，按住“+X”键，退到安全的位置，不可按“−Z”、“+Z”键，否则就移动了 Z 轴的值。记录下此时是实际坐标，记为 a，点击测量记下此时的长度，记为 b，将毛坯总长减去 b 所得的值记为 c，用 $a+c$ 所得的值记为 d。在编辑状态，点击 刀补OFT 键，再按 切换，Z 轴坐标屏幕出现如图 2.3-45 所示。输入 d 的值即可。

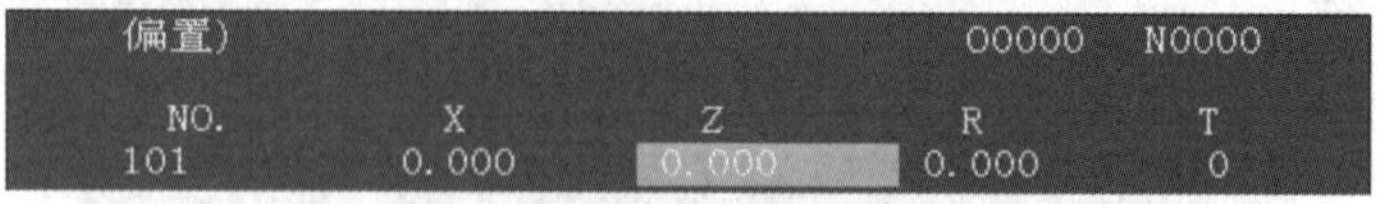

图 2.3-45　Z 轴坐标屏幕显示

(3)对 X 轴进行对刀，按“+X”、“+Z”、“−X”、“−Z”按钮，将机床手动调整到如图 2.3-46 所示位置。

按“−Z”键，车出一段长度，点击测量，测出此时的半径值，记为 e，原有的半径值记为 d，将 $d-e$ 所得的值，记为 f(+/−号的判断，所需的原点坐标在此位置的正方向，所以是+，重点在所需值是往正、负方向，符号也相应的发生改变)。在编辑状态，点击 刀补OFT 键，再按 切换，X 轴坐标屏幕显示如图 2.3-47 所示。

注意：在此输入坐标时，必须输入完整的坐标值(必须附带 X、Z，后加符号和数值)。

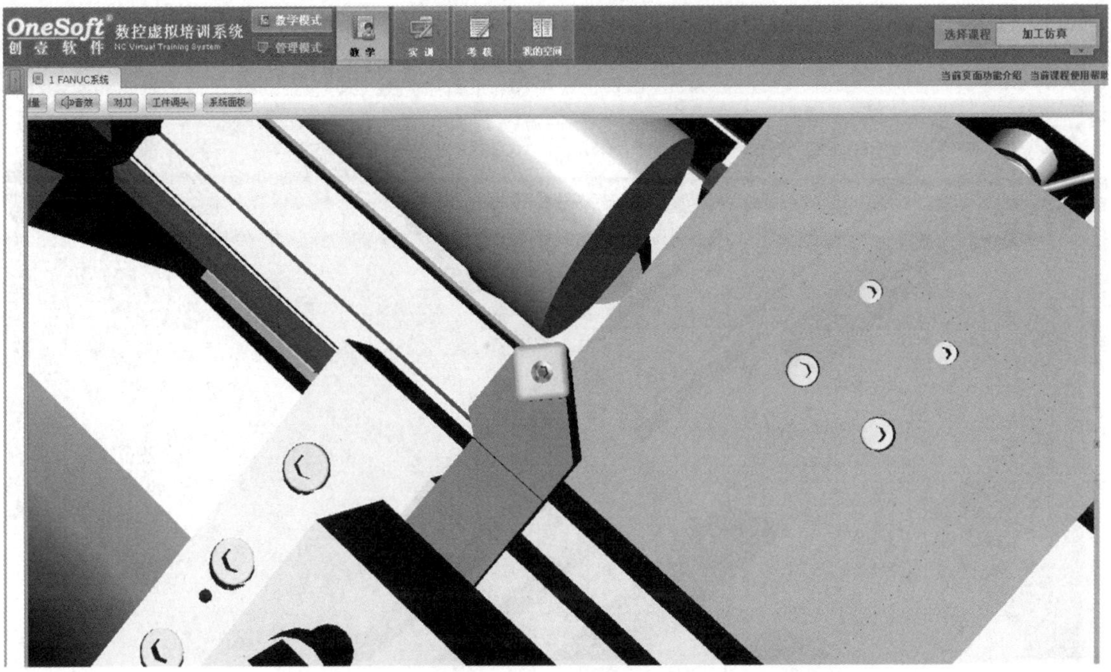

图 2.3-46 X 轴对刀显示

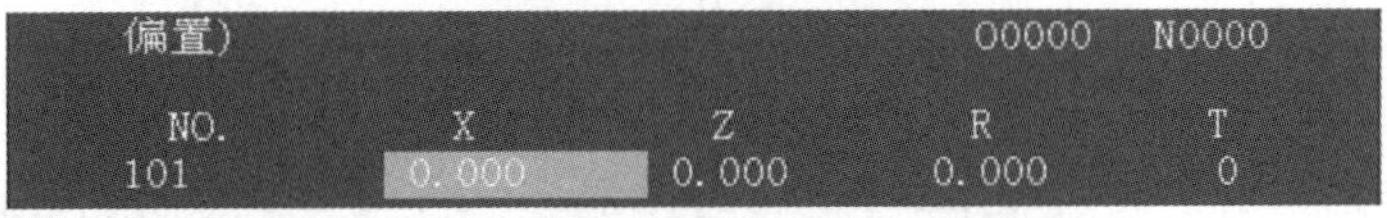

(偏置) O0000 N0000

NO.	X	Z	R	T
101	0.000	0.000	0.000	0

图 2.3-47 X 轴坐标屏幕显示

(4)其他刀位刀具对刀，对 Z 轴对刀，将刀具移动到端面的前方，到快接近时，调整进给倍率为 20%，慢慢的触碰端面，再将机床的实际位置坐标输入到偏置/形状中；对 X 轴对刀，刀具移动位置如图 2.3-48 所示。

(5)螺纹刀是个例外，若螺纹刀的左刀位，在偏置/形状中 Z 轴的值要加上刀具半径值，若为刀尖部分，则不需要考虑这个问题。

3. 新建程序

点击“系统面板”标签页，按，在默认的极度零点下，点击、、，程序组成格式必需是一个字母 O 和四位数的数字组成，按编辑进入编辑模式，然后点击程序 程序PRG 按钮，输入程序名 O5858。点击按钮 EOB，即可进行程序的编辑。

4. 加工程序

打开程序后，将“方式选择旋钮”旋转到“自动”，点击“循环启动”按钮，刀具会根据程序中的指令进行加工，程序界面如图 2.3-49 所示；锥轴加工后的效果如图 2.3-50 所示。

5. 删除程序

在程序列表中，选择要删除的程序，点击 Del 键，即可删除该程序。

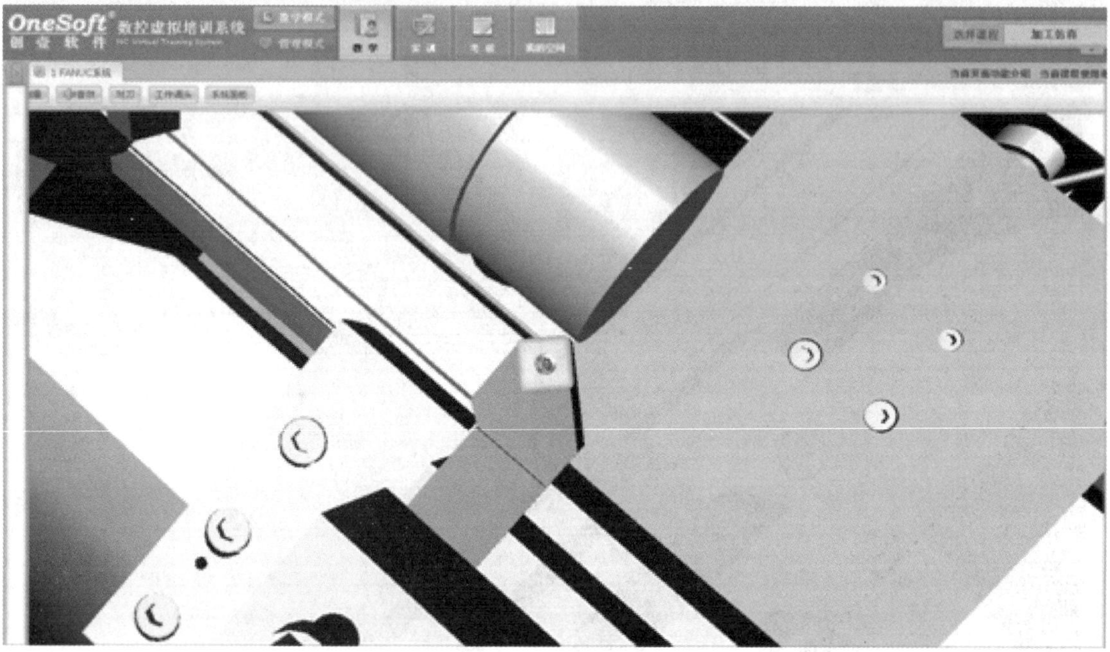

图 2.3－48　其他刀位刀具对刀

图 2.3－49　控制面板程序显示

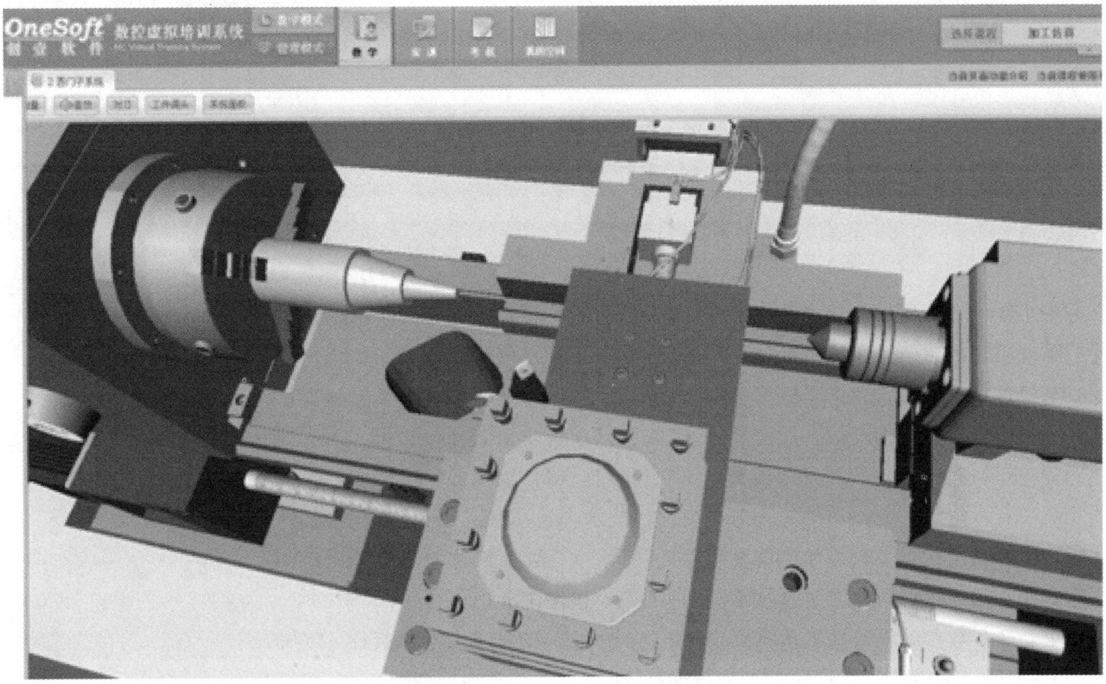

图 2.3 - 50　加工后的效果图

参考文献

[1]华小红，李强伟．数控编程技术与加工仿真[M]. 镇江：江苏大学出版社，2012.

[2]陈晓鸿，伍杰荣．数控仿真加工[M]. 北京：水利水电出版社，2015.

[3]董代进，邓红梅．数控车床编程与仿真加工[M]. 重庆：重庆大学出版社，2009.

[4]陈晓丽．数控编程及仿真加工[M]. 武汉：武汉大学出版社，2014.

[5]曾宪明，谢洪瑜．数控机床仿真加工项目教程[M]. 北京：科学出版社，2014.

[6]吴长有，赵婷．数控加工仿真与自动编程技术[M]. 北京：机械工业出版社，2012.

[7]景海平，张武奎．数控加工仿真与实训[M]. 北京：人民邮电出版社，2010.

[8]赵萍．数控机床与加工仿真技术[M]. 北京：国防工业出版社，2008.

[9]史新逸．数控编程与加工仿真[M]. 合肥：中国科学技术大学出版社，2006.

[10]缪德建，顾雪艳．数控加工工艺与编程[M]. 南京：东南大学出版社，2013.

[11]齐洪方，张胜利．数控编程与加工仿真[M]. 北京：北京理工大学出版社，2010.

[12]周湛学，刘玉忠．数控编程速查手册：2 版[M]. 北京：化学工业出版社，2013.